KB179332

가르쳐주세요!
사칙연산에 대해서

가르쳐주세요!

사칙연산에 대해서



초　판 1쇄 발행일 2007년 12월 20일
개정판 1쇄 발행일 2017년　5월　2일

지은이 김형준　삽화 김희석
펴낸이 김지영　펴낸곳 지브레인Gbrain
마케팅 조명구　제작 · 관리 김동영

출판등록 2001년 7월 3일 제2005-000022호
주소 04047 서울시 마포구 어울마당로 5길 25-10 유카리스티아빌딩 3층
전화 (02)2648-7224　팩스 (02)2654-7696

ISBN 978-89-5979-375-4 (04410)
978-89-5979-422-5 (04400) SET

• 책값은 뒷표지에 있습니다.
• 잘못된 책은 교환해 드립니다.

▼ 오트레드

노벨상 수상자와 TALK 1 합시다

가르쳐주세요!

# 사칙연산에 대해서

김형준 지음 김희석 그림

추천사

# 노벨상의 주인공을 기다리며

『노벨상 수상자와 TALK 합시다』 시리즈는 제목만으로도 현대 인터넷 사회의 노벨상급 대화입니다. 존경과 찬사의 대상이 되는 노벨상 수상자 그리고 수학자들에게 호기심 어린 질문을 하고, 자상한 목소리로 차근차근 알기 쉽게 설명하는 책입니다. 미래를 짊어지고 나아갈 어린이 여러분들이 과학 기술의 비타민을 느끼기에 충분합니다.

21세기 대한민국의 과학 기술은 이미 세계화를 이룩하고, 전통 과학 기술을 첨단으로 연결하는 수많은 독창적 성과를 창출해 나가고 있습니다. 따라서 개인은 물론 국가와 민족에게도 큰 긍지를 주는 노벨상의 수상자가 우리나라의 과학 기술 분야에서 곧 배출될 것으로 기대되고 있습니다.

우리나라의 현대 과학 기술력은 세계 6위권을 자랑합니다. 국제 사회가 인정하는 수많은 훌륭한 한국 과학 기술인들이 세계 곳곳에서 중추적 역할을 담당하며 활약하고 있습니다.

우리나라의 과학 기술 토양은 충분히 갖추어졌으며 이 땅에서 과학의 꿈을 키우고 기술의 결실을 맺는 명제가 우리를 기다리고 있습니다. 노벨상 수상의 영예는 바로 여러분 한명 한명이 모두 주인공이 될 수 있는 것입니다.

『**노벨상 수상자와 TALK 합시다**』는 여러분의 꿈과 미래를 실현하기 위한 소중한 정보를 가득 담은 책입니다. 어렵고 복잡한 과학 기술 세계의 궁금증을 재미있고 친절하게 풀고 있는 만큼 이 시리즈를 통해서 과학 기술의 여행에 빠져 보십시오.

과학 기술의 꿈과 비타민을 듬뿍 받은 어린이 여러분이 당당히 '노벨상'의 주인공이 되고 세계 인류 발전의 주역이 되기를 기원합니다.

국립중앙과학관장 공학박사 **조청원**

조청원

필즈상은

## 수학의 노벨상 '필즈상'

자연과학의 바탕이 되는 수학 분야는 왜 노벨상에서 빠졌을까요? 노벨이 스웨덴 수학계의 대가인 미타크 레플러와 사이가 나빴기 때문이라는 설, 발명가 노벨이 순수수학의 가치를 몰랐다는 설 등 그 이유에는 여러 가지 설이 있어요.

그래서 1924년 개최된 국제 수학자 총회(ICM)에서 캐나다 출신의 수학자 존 찰스 필즈(1863~1932)가 노벨상에 버금가는 수학상을 제안했어요. 수학 발전에 우수한 업적을 성취한 2~4명의 수학자에게 ICM에서 금메달을 수여하자는 것이죠. 필즈는 금메달을 위한 기초 자금을 마련하면서, 자기의 전 재산을 이 상의 기금으로 내놓았답니다. 필즈상은 현재와 특히 미래의 수학 발전에 크게 공헌한 수학자에게 수여됩니다. 그런데 수상자의 연령은 40세보다 적어야 해요. 그래서 필즈상은

필즈상 메달

노벨상보다 기준이 더욱 엄격하지요. 이처럼 엄격한 필즈상을 일본은 이미 몇 명의 수학자가 받았고, 중국의 수학자도 수상한 경력이 있어요. 하지만 안타깝게도 아직까지 우리나라에서는 필즈상을 받은 수학자가 없답니다.

어린이 여러분! 이 시리즈에 소개되는 수학자들은 시대를 초월하여 수학 역사에 매우 큰 업적을 남긴 사람들입니다. 우리가 학교에서 배우는 교과서에는 이들이 연구한 수학 내용들이 담겨 있지요. 만약 필즈상이 좀 더 일찍 설립되었더라면 이 시리즈에서 소개한 수학자들은 모두 필즈상을 수상했을 겁니다. 필즈상이 설립되기 이전부터 수학의 발전을 위해 헌신한 위대한 수학자를 만나 볼까요? 선생님은 여러분들이 이 책을 통해 훗날 필즈상의 주인공이 될 수 있기를 기원해 봅니다.

여의초등학교 **이운영** 선생님

# 윌리엄 오트레드 William Oughtred

1574~1660

오트레드는 오일러, 유클리드, 가오스, 칸토르처럼 그렇게 세상에 잘 알려진 수학자는 아닙니다. 하지만 그는 수학에서 꼭 필요한 것을 발명했습니다. 오트레드는 1631년 《수학의 열쇠》라는 책에서 150여 개의 수학기호들을 제시하였습니다. 그중에서 3개가 현재까지 사용되고 있는데 대표적인 것이 곱하기(×) 기호입니다. 곱하기(×) 기호는 교회의 십자가(✝) 모양을 고려한 것이라고 합니다. 그는 곱하기(×) 기호를 사용하자고 주장했으나 라이프니치를 비롯한 많은 수학자의 반대에 부딪혀야 했습니다. 하지만 결국 오트레드가 고안한 곱하기(×) 기호가 사용되었습니다.

아쉽게도 오트레드의 일생은 잘 알려져 있지 않는데

수학자가 아니라 성공회(기독교의 한 종파)의 신부였던 그는 교회에서 수학에 흥미가 있는 학생들을 모아 놓고 가르쳤습니다. 오트레드는 비록 전공은 아니지만 수학을 열심히 연구했고 그의 제자 중에는 나중에 유명한 수학자나 천문학자가 된 사람도 있습니다.

이 책에서 어린이들은 오트레드와 **TALK** 한다는 기분으로 재미있는 수학 공부를 할 수 있습니다.

이 책 한 권을 다 읽었다고 해서 수학을 잘하게 되는 것은 결코 아니지만 바르게 공부하는 것도 중요합니다.

이 책에는 사칙연산에 대한 설명뿐 아니라 수학 공부를 어떻게 해야 하는지에 대한 내용도 있습니다. 또 수학 성적이 낮은 학생도 쉽게 이해할 수 있도록 구성되어 있습니다. 수학 성적이 나빠 고민하는 학생, 아무 생각 없이 기계처럼 계산하는 학생들이 이 책을 읽고 수학에 자신감을 갖고 수학을 좋아했으면 합니다.

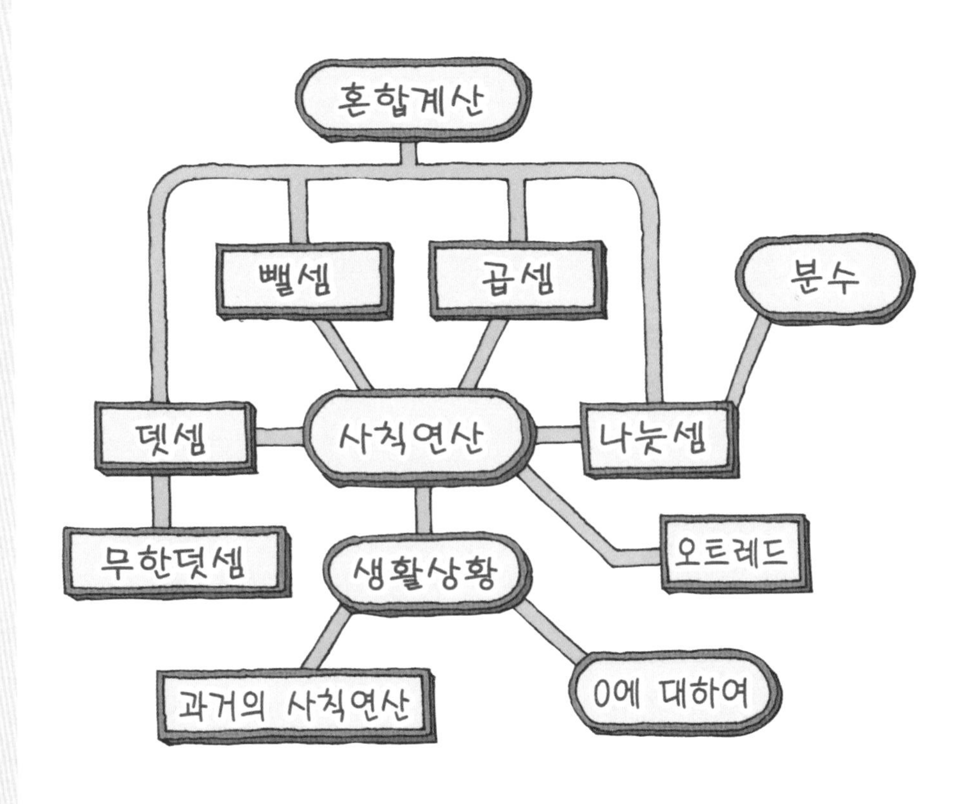

혼합계산
뺄셈
곱셈
분수
덧셈
사칙연산
나눗셈
무한덧셈
생활상황
오트레드
과거의 사칙연산
0에 대하여

왼쪽 그림은 앞으로 배우게 될 내용을 요약한 것입니다. 이 그림의 중심에는 사칙연산이 있습니다. 그것은 사칙연산이 수학의 가장 기초이기 때문입니다. 하지만 생활과 관련하여 배우지 않는다면 어린이들은 쉽게 싫증을 느낄 것입니다. 그래서 생활과 관련하여 어린이들에게 소개하겠습니다. 또한 옛날 사람들은 어떻게 계산했는지 알아봄으로써 사칙연산을 더 쉽게 이해할 수 있을 것입니다.

# 차례

# 제01장

# 오트레드가 한 일은 무엇인가요?

### 교과 연계

- 오트레드가 수학에 관심을 갖게 된 배경
- 오트레드가 발명한 수학기호

### 학습 목표

오트레드는 수학자가 아니라 신부였지만 교회에서 학생들에게 수학을 가르치며 흥미를 갖기 시작했다. 교회의 십자가 기호를 보고 곱하기(×) 기호를 발명하는 등 약 150여 개의 수학기호를 발명했다.

민수 오트레드 선생님! 저는 수학이 너무 싫고 지겨워 성적도 좋지 않아요. 수학이 세상에서 없어졌으면 좋겠다는 생각도 많이 해요. 하지만 학교나 집에서 강요하기 때문에 어쩔 수 없이 수학 공부를 하고 있어요. 그래서 수학을 포기하고 싶을 때가 너무 많아요. 우리 반 친구들 대부분이 저와 비슷해요. 수학을 좋아하는 아이들은 거의 없고 잘 하지도 못해요. 수학을 잘하는 아이도 그렇게 좋아하는 것 같지는 않아요. 그런데 선생님은 어떻게 이 지긋지긋한 수학을 좋아하게 되었어요?너무 궁금해요. 또 수학과 관련하여 어떤 일을 하셨나요?

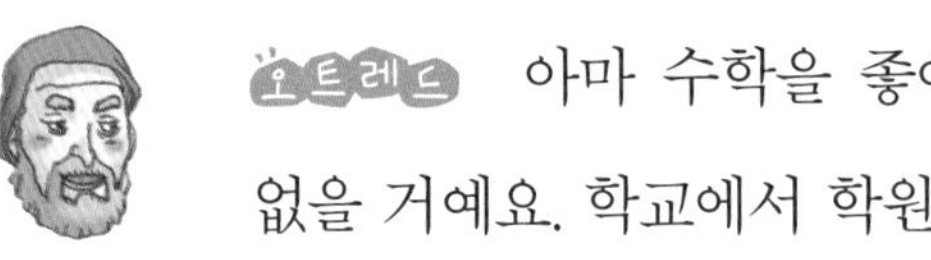


아마 수학을 좋아하는 어린이는 별로 없을 거예요. 학교에서 학원에서는 언제나 지루한 계산 문제만 하죠? 저는 어린이들이 너무 불쌍해요. 사실 수학은 너무나 신기한 것인데 어린이들이 힘들어 하는 모습을 보면 너무 안타까워요. 우리 어린이들이 수학을 재미있어 하고 잘하는 게 저의 소망이에요.

사실 난 수학자가 아니었어요. 하나님의 사랑을 전하는 성공회 신부님이었죠. 그런데 내가 일하고 있는 교회에는 신기하게도 수학을 좋아하는 학생들이 몇몇 있었어요. 학교 다닐 때 수학을 잘했던 나는 교회에서 수학에 흥미가 있는 학생을 몇 명씩 모아서 가르치게 되면서 더욱더 수학에 흥미를 갖게 되었어요. 나중에 이 학생들 중 몇 명은 훌륭한 수학자, 건축가, 천문학자가 되었답니다.

나는 학생들에게 수학을 잘 가르치기 위해 수학을 열심히 공부하면서 수학이 너무 재미있었답니다. 또 계산만 하거나 문제만 풀지는 않았어요. 늘 언제나 '왜 그럴까?', '어떻게 하면 될까?', '더 좋은 방법은 없을까?' 더 나아가 '새로운 기호나 용어를 만들어 볼까?'라고 생각하게 되었지요. 어린이 여러분! 이것이 수학을 좋아하고 잘할 수 있는 비결이에요. 아무런 뜻 없이 공식을 외워서 계산만 한다면 정말 수학은 재미없을 거예요. 아마 나도 그럴 겁니다. 만일 사람이 공식을 외워서 계산하는 것만 반복한다면 그 사람은 기계나 마찬가지에요. 여러분은 기계가 아닙니다. 여러분은 새로운 것을 발명할 수 있는 소중한 존재에요.

열심히 수학을 공부하면서 약 150여 개의 수학기호를 세상에 내 놓았어요. 그중 현재까지 사용되고 있는 기호는 3가지로 대표적인 것이 곱하기(×) 기호에요.

민주 그럼 곱하기(×) 기호는 어떻게 만들게 되었어요?

오트레드 허허허. 그렇게 모든 것을 궁금해 하는 자세가 중요하단다. 민주 학생은 이제 수학의 첫 걸음을 시작한 겁니다.

민주 학생. 내가 성공회 신부라고 했지요? 그리고 교회에서 학생들에게 수학도 가르쳤다고 했죠. 지금부터 어떻게 곱하기(×) 기호를 발명하게 되었는지 설명할 거예요.

내가 성공회 신부인 것이 곱하기(×) 기호 발명과 관계가 있습니다.

곱하기(×) 기호를 발명하던 날, 난 늘 그랬던 것처럼 교회에서 예배를 드린 후 학생들에게 수학을 가르치고 있었어요.

그날 학생들에게 덧셈을 가르치던 나는 문제를 하나 냈는데 그것은 999를 999번 더하는 것이었습니다. 그 당시에는 다행히 더하기(+) 기호, 빼기(−) 기호, 등호(=)가 사용되고 있었지요.

첫 번째는 동우 학생의 식과 답입니다.

999+999+999+999+999+
999+999+999+···+999=998,001

두 번째는 진수 학생의 식과 답이랍니다.

999를 999번 더한 것은=998,001

그리고 세 번째는 영수 학생의 식과 답이에요.

999의 999배=998,001

학생들은 그 당시에 사용되던 여러 가지 곱셈 계산 방법이나 수동식 계산기를 이용하여 정확한 답을 구했지만, 곱셈식은 더하기(+)를 계속 쓰거나 긴 글로 표현할 수밖에 없었어요.

안타까움에 수업을 마치고 교회 문을 나서다 우연히 뒤를 돌아보게 된 나에게 순간 교회의 나무 십자가가 눈에 들어왔고 머리에 번쩍이는 생각이 떠올랐죠.

"아하! 바로 이거야!"

나는 머릿속으로 '곱하기'라는 단어 대신 십자가(†)를 약간 돌린 곱하기(×) 기호를 생각해내게 되었어요. 그리고 영

수의 식과 답을 이렇게 바꾸었지요.

$$999 \times 999 = 998,001$$

그날 나는 너무 기뻐서 하늘을 나는 것 같았어요.

몇 달 후 나는 다른 수학자들에게 이제부터 곱하기(×) 기호를 사용하자고 주장하게 되었지요. 하지만 그 시절 유명한 수학자인 라이프니치를 비롯한 많은 수학자들이 알파벳의

엑스(X)와 비슷하다고 반대했어요. 하지만 나의 끈질긴 설득 끝에 결국 곱하기(×) 기호가 받아들여져서 오늘날까지 사용되고 있죠.

곱하기(×) 기호의 발명으로 그동안 글자로 표현할 수밖에 없던 곱셈식을 좀 더 간단히 줄일 수 있게 되었던 거죠.

이처럼 복잡한 것을 간단하게 나타내는 것은 수학의 특성 중에 하나에요.

자! 그럼, 선생님이 문제를 낼게요.

999×999=998,001을 더 간단하게 나타내어 봅시다.

누군가 틀림없이 5×5×5=125, 5×5×5×5×5×5=15,625와 같이 반복되는 곱셈을 더 간단하게 하는 방법을 발명했을 거에요. 민주 학생에게 다시 발명할 수 있는 기회를 지금 주는 건데, 어떻게 간단하게 하는지는 상관하지 않겠어요. 민주 학생이 이 문제를 해결하기 위해 수학하는 과정을 경험하는 것이 중요해요. 그냥 공식을 외워서 계산문제를 해결하는 것과는 많이 다르죠.

민수 네, 달라요. 그런데 선생님, 반복되는 곱셈을 여러 가지로 표현한다면 혼란스러울 것 같아요.

오트레드 그렇지. 그래서 수학자들은 반복되는 곱셈을 다음과 같이 표현하기로 약속했습니다.

- $2\times2\times2\times2=2^4$ (2를 4번 곱한 경우)
- $5\times5\times5\times5\times5\times5\times5=5^7$ (5를 7번 곱한 경우)
- $999\times999=999^2$ (999를 2번 곱한 경우)

내가 만들어낸 곱하기(×) 기호도 수학자들이 사용하기로 약속했기 때문에 지금까지 사용하고 있는 거에요.

어린이 여러분! 나 오트레드는 이 책을 마칠 때까지 재미있는 수학의 세계로 여러분을 안내할 것입니다. 하지만 이 책을 읽는다고 해서 갑자기 수학영재가 되거나 수학을 잘하게 되는 것은 절대로 아닙니다.

그리고 이 책이 새로운 교과서는 더욱더 아닙니다. 단지

이 책을 통하여 여러분은 그동안 자신이 수학을 싫어하게 되었던 이유를 알게 될 것이며 어떻게 하면 수학을 잘할 수 있을지에 대한 해답도 얻을 수 있을 것입니다.

그래서 좀 더 자신감을 갖고 수학 공부를 할 수 있을 겁니다. 하지만 어린이 여러분이 수학적으로 생각하기를 싫어하고 끈질긴 노력을 하지 않는다면 절대 수학을 잘할 수 없습니다.

수학은 결코 놀이가 아닙니다. 모든 과학의 기초이며 우리 실생활과 매우 관련이 깊습니다. 또한 국가 경제의 원동력이며 모든 사람이 갖추어야 할 교양이기도 합니다.

이렇게 중요한 수학을 두려워하고 심지어 포기하는 학생이 많은데 이는 매우 안타까운 일입니다.

이 책이 수학을 두려워하거나 혹은 이미 포기한 학생들에게 큰 힘이 되기를 바랍니다.

제01장
# 핵심정리

- 오트레드는 수학자가 아니라 성공회 신부였다. 그는 교회에서 수학에 흥미 있는 몇몇 학생들에게 수학을 가르쳤다. 또 150여개의 기호를 만들었는데 그중 현재까지 사용되는 기호이며 대표적인 것이 곱하기(×) 기호이다. 곱하기(×) 기호는 오트레드가 교회의 십자가를 보고 창안한 것이라고 한다.

- 복잡한 것을 간단히 나타내는 것은 수학의 특성이며 이러한 특성으로 만들어진 기호는 수학자들의 약속하에 사용할 수 있다.

으아~!
수학이 너무너무
싫어요~!
수학 공부하니?
선생님이 도와줄까?
무조건 계산만 하려
하지 말고 왜 그럴까
생각해 봐. 그리고 너만의
방법으로 해결해 보렴.
예, 선생님!
그렇게
해 볼께요.
그런데 선생님은
어떤 일을 하셨어요?
난 수학에
꼭 필요한
일을 했지!
난 성공회 신부였지만 수학을
좋아해서 교회에서 학생들을
모아 놓고 수학을 가르쳤지.
수학의 기본은
덧셈과 뺄셈!
난 교회의 십자가 모양을 보고
곱하기(×) 기호를 만들고
세상에 소개했지.
아니~!
십자가가
없어졌다!
많은 수학자들이 반대했지만
결국 곱하기(×) 기호를
지금까지 사용하게 되었어.
우아~!
멋져요!

제02장

# 사칙연산은 우리 생활과 얼마나 관련 있나요?

### 교과 연계

**초등 2-2** | 2단원 : 세 자리 수의 덧셈과 뺄셈 (1)
**초등 2-2** | 4단원 : 세 자리 수의 덧셈과 뺄셈 (2)
**초등 4-1** | 2단원 : 곱셈과 나눗셈

### 학습 목표

우리 생활 속에서 사칙연산을 응용하고 발견할 수 있는 것에는 어떠한 것이 있는지 알아본다. 덧셈과 뺄셈을 할 때 교과서에서 배운 방식 이외에도 어떤 것이 있는지 살펴보고 이를 배워 본다.

오트레드 우주선을 쏘아올리고 로봇을 움직이는 높은 수준의 과학의 기초는 바로 수학이에요. 그리고 수학의 기초는 덧셈, 뺄셈, 곱셈, 나눗셈이지요. 따라서 과학의 기초는 덧셈, 뺄셈, 곱셈, 나눗셈이라 할 수 있어요.

민수 덧셈, 뺄셈, 곱셈, 나눗셈을 줄여서 사칙연산이라고 하잖아요. 하지만 수학은 참 골치 아파요. 저뿐 아니라 우리 반 아이들 대부분이 수학을 어려워해요.

오트레드 그럴 거에요. 그런데 수학은 결코 어린이들의 머리를 아프게 하기 위해 학자들이 만들어낸 것이 아니에요. 수학은 사람의 필요에 의해, 그리고 삶을 더 멋지게 만들기 위해 자연스럽게 생겨났어요. 처음 이 땅에 사람이 단 둘이 있었을 때는 수나 연산이 필요 없었지만 점차 사람이 늘어나고 복잡해짐에 따라 무언가를 세고 계산할 필요가 생겼어요.

현재 우리의 삶을 한번 생각해 볼 때 사람은 사칙연산을 모르고서는 생활 자체가 불가능하죠. 사칙연산이 우리의 삶의 모든 것과 관련되어 있기 때문이에요. 선생님이 사칙연산이 적용되는 몇 가지 예를 들어볼게요.

- 야구 경기에서 타자나 투수의 기록을 계산할 때
- 물건을 사고 거스름돈을 받을 때
- 어느 물건이 얼마나 더 싼지 알아볼 때
- 몇 시간이면 목적지에 도착할 수 있을지 계산할 때
- 자신의 키를 재고 다른 사람의 키와 비교할 때
- 몇 시간이나 남았는지 알아볼 때
- 생일이 며칠 후인지 알아볼 때
- 시험 점수의 평균이 얼마인지 알아볼 때

아마 계속 쓴다면 천 가지라도 더 쓸 수 있을 거예요.

이처럼 수학은 사람의 필요에 의해 생겨났고 수학의 기초인 사칙연산은 우리의 삶과 밀접한 관련이 있어요. 따라서 반드시 그럴 필요는 없지만 수학 공부는 우리의 실생활을 소재로 시작하는 것이 바람직해요.

그러면 이제부터 사칙연산으로 둘러싸인 우리의 일상생활 속으로 들어가 봐요.

민수 예, 선생님 너무 기대가 돼요. 빨리 살펴보았으면 좋겠어요.

오트레드 어린이들의 생활을 살펴보면 덧셈과 뺄셈을 해야 하는 상황이 많이 있어요.

민주 예, 맞아요. 가게에서 과자나 물건을 살 때 머릿속으로 이 정도의 돈이면 과자나 물건들을 살 수 있을 것이라고 예상하고 주인에게 돈을 내요. 주인은 학생이 낸 돈과 실제 가격의 차를 구하여 거스름돈을 주고요. 이런 것이 모두 덧셈과 뺄셈이 적용되는 상황이에요.

오트레드 3학년 정도의 학생은 거스름돈을 받은 후 주인이 제대로 계산했는지 확인하지요. 그리고 우리의 생활을 보면 덧셈, 뺄셈, 곱셈, 나눗셈 상황이 섞여 있는 경우도 많이 있어요. 자! 그러면 다음 상황을 살펴봐요.

경미는 15,000원(10,000원짜리 1장과 5,000원짜리 1장)이 있습니다. 그런데 아이스크림 가게에서 아이스크림을 사서 친구들에게 주고 싶어 합니다.
소망 아이스크림 가게의 아이스크림 가격은 다음과 같습니다.

- 블루베리 1개 2,000원
- 바닐라 1개 1,300원
- 레인보우 1개 2,300원

블루베리 2개, 바닐라 3개, 레인보우 1개를 산 경미는 거스름돈을 얼마나 받아야 할까요?

이 문제는 덧셈, 뺄셈, 곱셈 상황이 섞인 것으로 학생들은 다음과 같이 해결하는 경우가 많을 거예요.

| | |
|---|---|
| 1단계 | $2000 \times 2 = 4{,}000$ |
| | $1300 \times 3 = 3{,}900$ |
| | $2300 \times 1 = 2{,}300$ |
| 2단계 | $4000 + 3900 + 2300 = 10{,}200$ |
| 3단계 | $15000 - 10200 = 4{,}800$ |
| **정답** | 4,800원 |

블루베리 1개
2000원

바닐라 1개
1300원

레인보우 1개
2300원

민주 그런데 만약 곱셈을 모르는 학생이라면 어떻게 해결해야 할까요?

오트레드 몇 가지 방법이 있겠지만 한 가지만 소개할게요.

1단계 2000＋2000＋1300＋1300＋1300＋2300＝10,200

2단계 15000－10200＝4,800

정답 : 4,800원

이 외에도 여러 가지 방법이 있어요. 다른 방법을 찾아보는 것은 수학을 잘하게 되는 매우 좋은 습관이 될 거예요. 그러므로 위 문제를 해결할 수 있는 방법을 더 찾아보길 바래요.

이제 4000＋3900＋2300＝10,200을 생각해 봐요. 우리는 여기에서 몇 가지 수학 법칙을 다시 발명할 수 있어요.

민주 다시 발명한다는 것은 우리가 새로운 수학 법칙을 만들어 낸다는 뜻인가요? 만약 그렇다면 너무 힘든 일이에요.

오트레드 아니, 그런 뜻은 아니에요. 수학적 원리를 발명했던 과정을 다시 경험한다는 뜻이에요. 위의 식을 그림으로 나타내어 봐요.

그리고 이렇게 나타내어 봐요.

위의 두 가지 그림을 보고 깨달은 점이 있나요?

**민추** 음, 아이스크림의 위치가 경미가 산 아이스크림의 총 값인 10,200원에 영향을 끼치지 않아요.

**오트레드** 그렇죠. 4000+3900+2300이나 3900+2300+4000은 그 값이 모두 10,200으로 같아요.

이러한 것을 덧셈의 교환법칙이라고 합니다. 민주 학생은 덧셈의 교환법칙을 다시 발명한 거에요.

자! 계속해서 볼까요? 4,000원, 3,900원, 2,300원, 10,200원은 단순한 수가 아니라 돈이라는 것에 특별히 주의해야 해요.

- 4,000원

- 3,900원=3000원+900원

- 2,300원=2000원+300원

민주 학생, 위에서 사용된 돈을 모두 모으면 1,000원짜리 몇 장, 500원짜리 몇 개, 100원짜리 몇 개일까요?

민주 1,000원짜리 9장, 500원짜리 1개, 100원짜리 7개입니다.

오트레드 그럼 1,000원짜리 9장, 500원짜리 1개, 100원짜리 7개는 모두 얼마일까요?

민주 9,500원 하고도 700원이 더 있어요.

오트레드 9,500원에 700원을 더하면 얼마일까요? 계산하면 아마 다음과 같은 과정일 거예요.

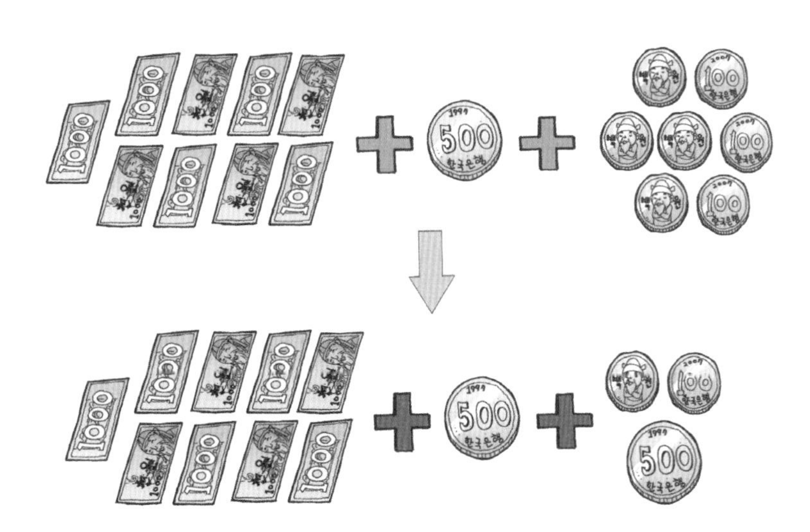

정답 10,200원

그런데 여기에서 멈춘다면 왠지 혼란스럽고 수학 같지 않겠죠? 수학은 우리의 실생활에서 시작하지만 거기에 머물러 있어서는 안 되는 거에요. 복잡한 머릿속을 식으로 깔끔하게 정리하는 것이 필요해요.

자! 그러면 선생님이 머릿속에서 생각한 계산을 식으로 나타내어 볼게요.

1단계 1,000원짜리 9장, 500원짜리 1개, 100원짜리 7개

⇨ (1000+1000+1000+1000+1000+1000+1000+1000+1000)+500+(100+100+100+100+100+100+100)

2단계 100원짜리 5개를 500원짜리 1개로 바꾼다.

⇨ 9000+500+(500+100+100)

3단계 500원짜리 2개를 1,000원짜리 1장으로 바꾼다.

⇨ 9000+(500+500)+(100+100)
=9000+1000+(100+100)

4단계 1,000원짜리 10장을 10,000원짜리 1장으로 바꾼다.

⇨ 10000+(100+100)

**정답** 10,200원

민수 우리 실생활을 소재로 공부하니까 수학노 재미있어요.

오트레드 그렇죠? 우리는 위에서 실생활의 경험을 그림과 식으로 나타내고 간단히 정리하는 과정을 통하여 수학하는 과정을 경험했어요.

민수 선생님, 그런데 제가 알고 있는 방법과 달라요.

오트레드 그래요. 교과서에는 작은 자릿수부터 차례로 받아올림하여 계산하도록 하죠. 하지만 돈의 경우 계산하기에 편한 수부터 자유롭게 계산하죠. 이처럼 우리가 배운 계산법은 생활과 거리가 먼 경우가 많이 있어요.

자! 이제 뺄셈 공부를 해 봐요.

경미에게는 10,000원짜리 1장과 5,000원짜리 1장이 있습니다. 그런데 경미가 산 아이스크림은 모두 10,200원이었습니다. 거스름돈은 얼마일까?

먼저, 산 물건의 값을 모두 더하게 되죠. 그리고 거스름돈은 가능한 적게 받으려고 해요. 그래서 전체 물건의 값보다 조금 많은 돈을 내지요. 이제 자기가 낸 돈에서 전체 물건의 값을 빼면 거스름돈이 되는 거예요.

경미가 산 아이스크림 전체의 값

10,200원

경미가 주인에게 낸 돈

15,000원 ⇨ 10,000짜리 1장과 5,000원짜리 1장

경미가 받은 거스름 돈

15,000원－10,200원＝4,800원

경미가 아이스크림 가게 주인에게 얼마를 냈나요?

민주 15,000원요. 1,000원짜리가 있다면 11,000원을 내면 되는데 1,000원짜리가 없어서 15,000원을 냈어요.

오트레드 경미가 산 아이스크림 전체의 값은 얼마인가요?

민주 10,200원요.

오트레드 그럼, 주인이 거스름돈을 어떻게 주는지 생각해 봐요.

물론 모든 주인이 항상 이렇게 계산하는 것은 아니에요.

하지만 계산기가 없다고 가정할 때 대체적으로 다음과 같이 계산하는 경우가 많아요.

15,000원에서 10,200원을 빼야 하니 5,000원에서 200원을 빼면 된다.

⇨ $15000-10200=5000-200$

5,000원 중에서 4,000원은 두고 1,000원에서 200원을 뺀다.

⇨ $5000-200=4000+1000-200$

1,000원에서 200원을 빼면 800원이다.
800원에 4,000원을 더하면 거스름돈은 4,800원이다.

⇨ $4000+1000-200$

$=1000-200+4000=4000+800=4800$

민추 선생님, 교과서에 나오는 뺄셈하고 많이 달라요. 전 그동안 모든 뺄셈을 일의 자릿수에서부터 큰 자릿수까지 받아내림의 세로셈으로 했어요. 그런데 거스름돈을 구하는 뺄셈은 큰 자릿수부터 계산하네요.

오트레드 그래요. 그리고 단순히 받아내림을 하는 것보다 창의적으로 계산하는 것이 더 편리한 경우도 있어요. 이는 뺄셈뿐만 아니라 모든 사칙연산에서도 마찬가지에요. 모든 사칙연산을 교과서에 나오는 계산법만 적용할 경우 불편한 경우가 많이 있어요. 계산하는 방법에는 교과서에 나오는 단 한 가지 방법이 있는 것이 아니거든요.

## 제02장 핵심정리

- 우리의 생활은 사칙연산과 밀접한 관련이 있으며 수학은 실생활과 관련시켜 공부하는 것이 좋습니다.

- 덧셈과 뺄셈의 경우 교과서에는 작은 자릿수부터 각각 받아올림, 받아내림하라고 배웠지만 이는 실생활과는 많이 다릅니다. 그리고 계산문제를 해결하기 위해 반드시 알고 있는 공식을 기계적으로 적용할 필요는 없습니다.

15,000원 에서 10,200원을 빼면
되니까 10,000원 짜리는 신경 안 써도 되겠군.
거스름돈 주세요.
그럼 5,000원 에서 200원 을 빼면 되겠군.
음.. 200원 만 빼면 되니까...
거스름돈 주세요~!! 아저씨!!
아이스
5,000원 을 4,000원 더하기 1,000원 이라고 생각하자.
으~~!!
아이스크림 다 녹겠어요~!!
1,000원 에서 200원 을 빼면 800원 남네
이제 4,000원 과 800원 을 더하면 4,000원+800원=4800원 거스름돈은 4,800원이야~!
뭐야~! 다 녹아버렸네…….

### 교과 연계

**초등 1-1** | 5단원 : 더하기와 빼기
**초등 1-2** | 3단원 : 10을 가르기와 모으기
**초등 1-2** | 4단원 : 10이 되는 더하기와 10에서 빼기

### 학습 목표

옛날에는 계산을 어떻게 했으며 처음 수를 사용했을 때는 숫자를 어떤 방식으로 표기했는지 알아본다. 옛날의 계산 방식과 오늘날의 계산 방식을 통해 각각 어떤 차이가 있는지 직접 학습해 보기로 한다.

민주 선생님은 곱셈기호를 만들었잖아요? 그런데 덧셈이나 뺄셈기호도 없던 때는 어떻게 계산했어요?

오트레드 참 좋은 질문이에요! 원시인의 생활을 한번 상상해 봐요. 아주 오랜 옛날에는 직접 동물을 사냥하거나 열매를 따먹으면서 생활했어요. 원시인들은 동물이나 열매의 개수를 셀 정도의 계산을 하였지요. 그런데 어떻게 계산했을까요?

원시인 몽키가 파인애플을 아래와 같이 땄어요.

그런데 몽키 친구인 둘리가 파인애플을 아래와 같이 가지고 왔어요.

몽키와 둘리는 서로 자기가 많이 따 왔다고 주장하고 있어요.

몽키와 둘리는 땅 위에 자기가 딴 파인애플을 올려놓았어요. 그런 뒤 몽키는 자기 파인애플 위에 흰색 돌멩이를, 둘리는 검은색 돌멩이를 아래 그림과 같이 올려놓았어요.

그리고 잠시 후에 흰 돌멩이와 검은색 돌멩이 사이에 선을 그었어요.

선을 긋고 나니 돌리의 것이 하나 남아서 결국 돌리가 몽키보다 하나를 더 딴 셈이 되었지요.

이러한 방법을 일대일대응이라고 해요.

원시인들은 오늘날 우리처럼 숫자나 기호가 없었지만 자신만의 방법으로 계산했어요. 그런데 사회가 발전함에 따라 더 큰 수가 필요하게 되었고 큰 수의 계산을 해야만 했지요.

그럼, 이제 선생님하고 옛날의 이집트로 여행을 떠나 볼까요? 시간을 넘나들 수 있는 비행선이 문밖에 대기하고 있어요.

민수 예, 선생님. 빨리 출발하고 싶어요. 야호! 신난다.

오트레드 여긴 민주 학생이 살던 때로부터 3000년 전의 이집트로, 현재 세상에서 가장 발달된 곳이에요.

이곳은 원시인이 살던 때에 비해 너무나 많이 발전했기 때문에 더 큰 수를 나타낼 숫자가 필요하게 되었어요. 그래서 이집트인은 막대기, 말발굽, 올챙이와 같이 주변에서 쉽게 볼

수 있는 것을 소재로 숫자를 만들었어요. 이제 그들은 큰 수도 쉽게 계산할 수 있어요. 저기 양치기 소년이 있군요.

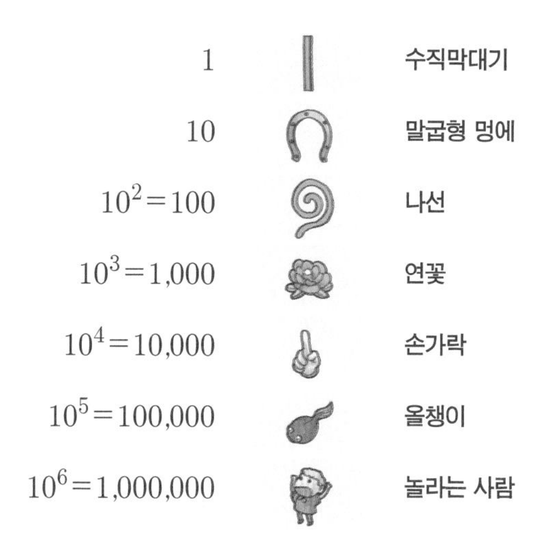

| 수 | 이름 |
|---|---|
| 1 | 수직막대기 |
| 10 | 말굽형 멍에 |
| $10^2=100$ | 나선 |
| $10^3=1,000$ | 연꽃 |
| $10^4=10,000$ | 손가락 |
| $10^5=100,000$ | 올챙이 |
| $10^6=1,000,000$ | 놀라는 사람 |

민주 와! 선생님, 양이 많이 있어요.

오트레드 양치기가 양이 모두 몇 마리인지 숫자로 나타내려고 하는데 같이 살펴볼까요?

민주 예, 선생님.

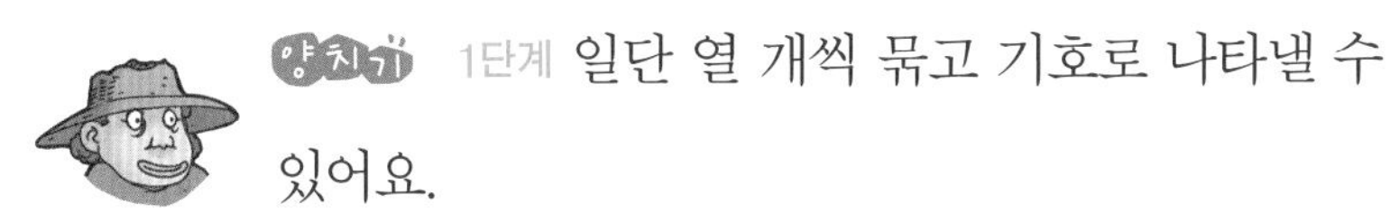

양치기 1단계 일단 열 개씩 묶고 기호로 나타낼 수 있어요.

2단계 우리 이집트 숫자로 나타내면 양이 모두 ∩ ∩ ∩ ∩ | | | | 마리가 있어요. 난 매일 나무껍질에 양이 몇 마리 있는지 표시해 놓거든요.

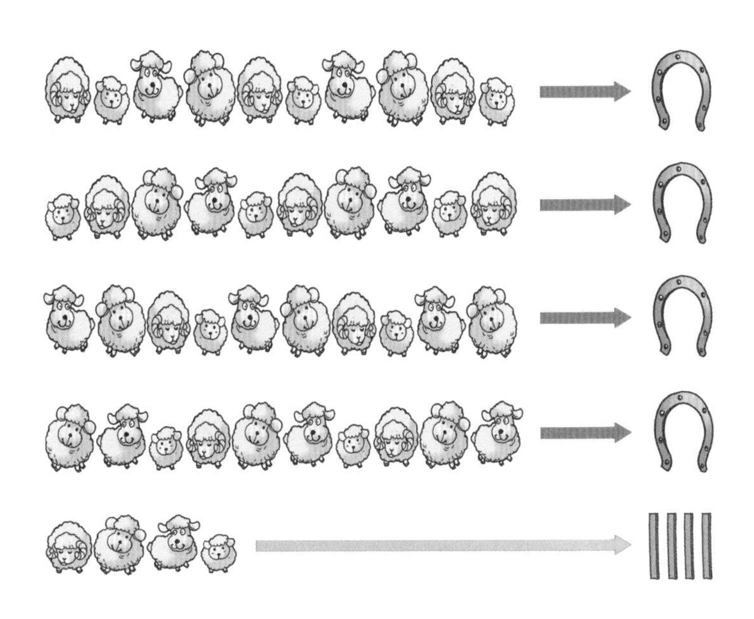

다음 날이 되고 늑대가 나타나서 양 몇 마리를 잡아갔어요.

양치기 남아 있는 양이 모두 몇 마리인지 숫자로 나타내야겠어요.

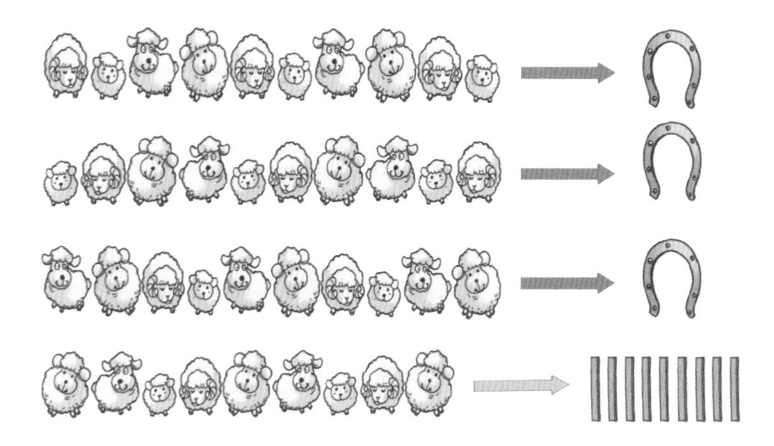

남아 있는 양은 모두 ∩ ∩ ∩ | | | | | | | | | 마리입니다. 그렇다면 늑대는 양 몇 마리를 잡아 갔을까요?

∩ ∩ ∩ ∩ | | | | 에서 ∩ ∩ ∩ | | | | | | | | | 을 빼면 되겠네요.

1단계 일대일대응을 합니다.

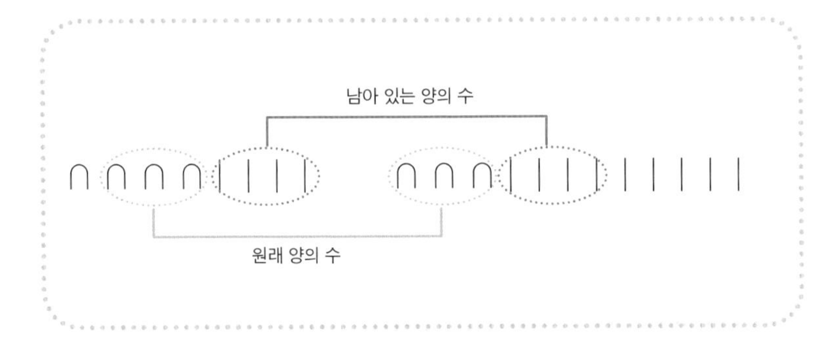


2단계 이제 ∩에서 | | | | | 를 빼면 됩니다. ∩는 | | | | | | | | | | 로 바꿀 수 있습니다.

3단계 마지막으로 | | | | | | | | | | 에서 | | | | | 를 빼면 됩니다.

결국 늑대가 잡아 간 양은 모두 | | | | | 마리입니다.

**오트레드** 그럼, 민주 학생! 남아 있는 양의 수를 현재 사용하는 수로 쓰면 어떻게 될까요?

**민주** 5입니다. 제가 살던 때에 사용하던 수가 훨씬 편한 것 같아요.

오트레드 그렇지요. 일일이 그림으로 나타내는 수보다 훨씬 편하지요. 그럼, 이제 다시 현재로 돌아갈까요.

민주 선생님, 이집트에서 양치기가 계산했던 과정을 현재 사용하는 수와 기호를 이용하여 다시 나타내 볼게요.
처음에는 양치기에게 양이 44마리 있었어요. 그런데 늑대가 나타나서 양을 몇 마리 잡아갔어요. 이제 양치기에게 양이 39마리 남아 있어요. 양치기는 늑대가 양을 몇 마리 잡아갔는지 알아보려고 해요. 따라서 '44−39' 하면 돼요.

1단계 양치기는 먼저 '44－34'를 했습니다.
2단계 이제 원래의 양의 수는 10마리입니다. 그리고 1단계에서 '44－39'를 해야 하는데 '44－34'를 했으므로 5를 더 빼야 합니다.
3단계 10마리에서 5마리를 더 빼주면 됩니다

'10－5＝5'이므로 결국 늑대가 잡아간 양은 모두 5마리입니다.

오트레드 참 잘했어요. 양치기가 계산한 과정은 우리가 알고 있는 방법과 조금 다르지요.

민주 예, 선생님. 저 같으면 그냥 '44－39＝5' 할 것 같아요. 하지만 이런 방법으로 공부하니까 수학도 참 재미있어요.

제03장

## 핵심정리

- 아주 오랜 옛날에는 일대일대응으로 간단한 계산을 했습니다.
- 사회가 복잡해짐에 따라 큰 수의 사용이 필요하게 되었습니다.
- 처음에 사용한 수는 주변에서 쉽게 관찰할 수 있는 동물이나 물건의 모양을 본 딴 것입니다.
- 옛날 사람들의 계산은 오늘날의 방법과 다르지만 계산과정을 오늘날의 식으로 바꾼다면 재미있게 공부할 수 있습니다.

하비나.
뚜낄라.
……
숫자를 모르는 원시인 아투가 바나나 5개를 손가락으로 세고 있다.
나 아뎀바룽의 바나나가 아투의 바나나보다 많아! 신난다!
후다다닥…
아냐! 내 바나나가 더 많아~!
무슨 소리~! 내 바나나가 더 많아~!
퍽…
퍽…
퍽…
그럼 우리 세어볼까?
어…… 어떻게?
내가 더 많아~!! 이겼다~!!
흑흑흑……
야호.

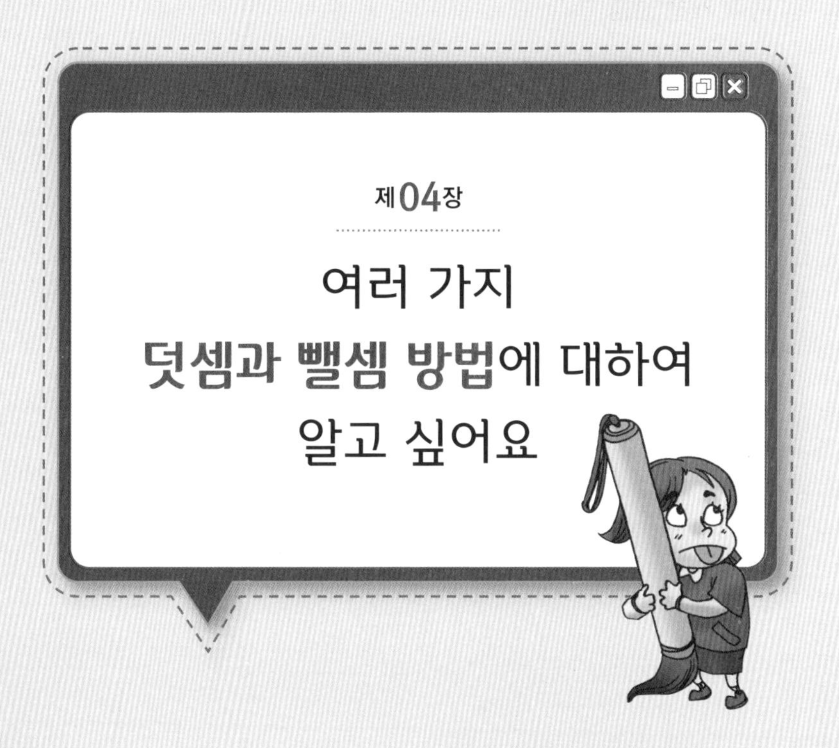

# 제04장

# 여러 가지 덧셈과 뺄셈 방법에 대하여 알고 싶어요

**교과 연계**

**초등 2-1** | 2단원 : 두 자리 수의 덧셈과 뺄셈
**초등 3-2** | 1단원 : 덧셈과 뺄셈

**학습 목표**

덧셈과 뺄셈을 할 때 받아올림이나 받아내림 이외에 어떤 계산 방법이 있는지 살펴본다. 세 자리 수의 자연수의 경우 자릿수별로 분해해서 계산하는 방법을 살펴보고, 계산하기 어려운 수의 경우 계산하기 쉬운 수로 변형해서 계산하는 방법을 알아본다.

## 여러 가지 덧셈

민주 선생님, 저는 사실 받아올림으로 하는 한 가지 덧셈 방법밖에 몰라요. 그런데 선생님께 배우다 보니 연산에는 여러 가지 방법이 있는 걸 알게 되었어요. 먼저 덧셈의 여러 가지 방법을 알고 싶어요.

오트레드 그래요, 덧셈이 가장 쉬우니까 덧셈부터 살펴보기로 하지요. 예로 46+38을 생각해 봐요.

첫째, 우리가 흔히 생각하는 받아올림법이에요.

$$\begin{array}{ccc} & \scriptstyle 1 & \\ & 4 & 6 \\ + & 3 & 8 \\ \hline & 8 & 4 \end{array}$$

1단계 일의 자리 수를 더한다.
(6+8=14, 6+8=6+6+2=6×2+2=14,
이와 같이 할 수도 있다)

2단계 4를 밑으로 내리고 10을 십의 자리로 보낸다.

3단계 10+40+30=80이므로 숫자 8을 밑으로 내린다.

둘째, 왼쪽에서 오른쪽으로 분해하여 계산하는 방법이에요.

$$\begin{array}{rr} & 4\ 6 \\ + & 3\ 8 \\ \hline \end{array} \Rightarrow \begin{array}{l} 46+6 \\ 30+8 \\ \hline 70+14 \Rightarrow 84 \end{array}$$

1단계 46=40+6, 38=30+8로 분해한다.

2단계 십의 자리와 일의 자리를 각각 더한다.
40+30=70, 6+8=14=10+4

3단계 70+10+4=84

셋째, 수를 계산하기 쉽게 변형시키는 방법이에요.

- 46+38에서 38에 2를 더한다. 38에 2를 더하는 이유는 계산을 쉽게 하기 위해서이다. 2를 더했으므로 값이 같도록 하기 위해서는 다시 2를 빼야 한다.

$$46+38+2-2=46+40-2=86-2=84$$

- 46에 4를 더한 후 다시 4를 빼는 방법도 생각해 볼 수 있다.

$$\begin{aligned} 46+38 &= 46+4-4+38 \\ &= 50-4+38=50+38-4 \\ &= 88-4=84 \end{aligned}$$

이와 같이 덧셈 방법에는 여러 가지가 있어요. 그중에서 둘째, 셋째 방법을 활용하면 암산할 때 매우 좋아요. 다른 방법도 더 있으니까 민주 학생이 찾아봐요.

좀 더 큰 수의 덧셈을 생각하여 볼까요.

157+286을 어떻게 계산할까요? 받아올림 방법은 교과서를 참고하고, 다른 방법으로 해결해 봐요.

선생님은 수를 분해하는 방법을 사용할게요.

1단계 157과 286을 각각 백의 자리 수, 십의 자리 수, 일의 자리 수로 분해합니다.

$$157=100+50+7,\ 286=200+80+6$$

2단계 백의 자리 수는 백의 자리 수끼리, 십의 자리 수는 십의 자리 수끼리, 일의 자리 수는 일의 자리 수끼리 더합니다. 백의 자리 수, 십의 자리 수, 일의 자리 수는 분해된 상태로 두면 됩니다.

$$100+200=300$$
$$50+80=50+50+30=100+30$$
$$7+6=7+3+3=10+3$$

3단계 2단계에서 나온 값을 모두 더합니다.

$$300+100+30+10+3=443$$

선생님은 많은 어린이들이 계산에 대해 부담감을 갖고 있는 것이 안타까워요. 분해방법만 사용하더라도 재미있게 덧셈을 할 수 있거든요.

민주 학생, 사실 분해방법의 기초는 초등학교 1학년 때 배운 거예요.

위에서 나온 $7+6$을 생각해 봐요. $7+6$을 어떻게 $10+?$의

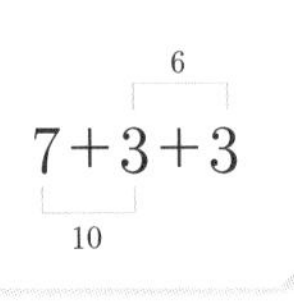


형태로 변형할 수 있을까요? 6을 3+3으로 분해하고 7에 3을 더하면 10이잖아. 그리고 남은 3을 다시 더하면 7+3+3이지요.

7+6=7+3+3=10+3=13

세 자리, 네 자리 수도 위와 원리는 같아요.

757+895에서 700과 800을 생각해 봐요.

민주 700+300+500하면 되겠네요.

오트레드 그렇지요. 그럼 민주 학생이 수를 분해해 계산해 볼래요?

민주 예, 선생님.

1단계 수의 분해

757=700+50+7, 895=800+90+5

2단계 분해한 두 수에서 백의 자리는 백의 자리끼리, 십의 자리는 십의 자리끼리, 일의 자리는 일의 자리끼리 더한다.

백의 자리: 700+800=700+300+500

=1000+500=1500

십의 자리: 50+90=50+50+40=140

일의 자리: 7+5=7+3+2=10+2=12

3단계 2단계에서 계산한 백의 자리, 십의 자리, 일의 자리의 값을 더한다.

$1500+140+12=1500+100+40+10+2=1600+50+2=1652$

오트레드 아주 잘했어요. 정말 대단하군요.

민주 헤헤. 이제는 아무리 큰 수의 덧셈도 해결할 수 있어요. 그리고 교과서에 있는 방법 말고 다른 계산법이 있다는 것도 신기해요.

오트레드 이외에도 계산방법은 많이 있지요. 선생님은 일부만 소개한 거예요.

생활에서는, 특히 돈 계산에서는 이렇게 수를 분해하는 방법을 더 많이 사용한답니다.

## 여러 가지 뺄셈

오트레드 이번 시간에는 뺄셈에 대하여 공부하겠어요. 보통 뺄셈을 덧셈보다 좀 더 어려워하는데 전혀 두려워 할 필요가 없어요.

민주 학생, 달걀 13개가 있는데 9개를 먹었어요. 그럼 몇 개가 남았지요?

민주 4개요.

오트레드 어떻게 4개라고 생각했지요?

민주 생각할 것도 없어요. 달걀 13개에서 9개를 먹고 남은 달걀 개수를 세면 돼요.

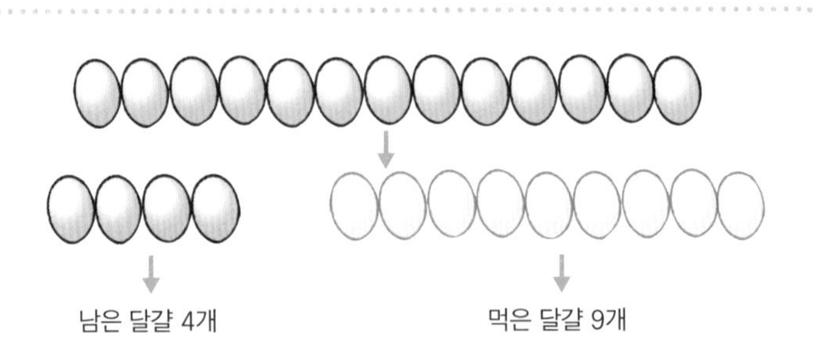

오트레드 그렇지요, 하지만 이런 방법을 사용하면 큰 수의 뺄셈을 할 때 매우 힘들 수도 있어요.

민주 예, 선생님, 제 생각에는 13에서 뒤로 9칸 가면 돼요. 9칸 가니까 4입니다.

오트레드 그래요. 잘했어요. 하지만 이런 방법도 큰 수를 뺄 때 매우 힘들 수 있어요. 덧셈 배운 것을 떠올리며 여러 가지 방법을 생각해 봐요.

민주 아하! 선생님, 10에서 3을 더한 후 9를 빼는 것이나 10에서 9를 뺀 후 3을 더한 것이 같아요.

$$13=10+3$$
$$13-9=10+3-9$$
$$=10-9+3$$
$$=1+3$$

오트레드 맞아요. 민주 학생이 수학을 열심히 하더니 생각하는 능력이 아주 좋아지고 있네요. $10+3-9$보다 $10-9+3$이 더 계산하기 편하겠죠.

다른 방법은 없을까요? 9를 변형하면 될 것 같은데요.

선생님 13－9는 13에서 10을 뺀 후 다시 1을 더하면 돼요.

$13-9=13-10+1=3+1=4$

와! 뺄셈하는 방법도 여러 가지가 있네요.

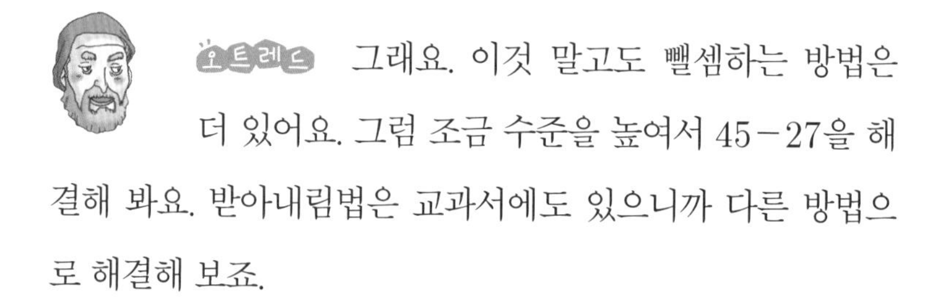



그래요. 이것 말고도 뺄셈하는 방법은 더 있어요. 그럼 조금 수준을 높여서 45－27을 해결해 봐요. 받아내림법은 교과서에도 있으니까 다른 방법으로 해결해 보죠.

예. 10＋?의 형태로 변환해서 계산해 볼게요.

$$\begin{aligned}45&=40+5\\27&=20+7\end{aligned} \;\Rightarrow\; \begin{aligned}40+5&=30+10+5\\27&=20+7\end{aligned}$$

$$\Rightarrow \begin{array}{r}30+10+5\\-\quad 20+7\\\hline 10+3+5\end{array} \;\Rightarrow\; \text{정답}: 18$$

오트레드 좀 더 쉬운 방법은 없을까요? $13-9$를 풀 때 썼던 방법은 어때요? 13에서 10을 뺀 후 1을 더한 방법이요.

민주 아하! 45-27는 45에서 30을 뺀 후 3을 더하면 될 것 같아요. 27=30-3이니까요. 45에서 27을 빼야 되는데 30을 뺐으니까 뺀 값에 3을 더해 주어야 해요.

$$\begin{aligned} 45-27 &= 45-30+3 \\ &= 15+30-30+3 \\ &= 15+3 \\ &= 18 \end{aligned}$$

**오트레드** 이런 문제들은 많이 풀어볼수록 이해가 쉬워져요. 그래서 연습문제를 몇 개 낼 테니 한번 풀어보세요.

1) $72-39=$

2) $24-18=$

3) $51-16=$

답: 1) 33 2) 6 3) 35

제04장
## 핵심정리

- 보통 덧셈과 뺄셈은 받아올림이나 받아내림의 세로셈으로 계산하는데 덧셈과 뺄셈 방법에는 여러 가지가 있다.

- 수를 분해하는 덧셈은 세 자리 자연수의 경우 백의 자리, 십의 자리, 일의 자리로 분해한 후 백의 자리 수는 백의 자리 수끼리, 십의 자리 수는 십의 자리 수끼리, 일의 자리 수는 일의 자리 수끼리, 더하는 것이다.

- 뺄셈 방법에는 여러 가지가 있는데, 남은 개수를 세는 것, 빼는 수만큼 뒤로 가는 방법 등은 큰 수의 뺄셈에서는 이용하기가 어렵다.

- 계산하기 쉬운 수로 변형하면 덧셈과 뺄셈하기에 편리하다.

덧셈과 뺄셈에는 여러 가지 다양한 방법이 있단다.
근데 전 한 가지 방법으로만 해결해 왔어요.
너무 습관적으로 계산만 했어요.
습관
14－6을 예로 설명해 줄께.
첫 번째는 뒤로부터 세는 거야.
13
12
11
10
9
8
7
6
깡총.
깡총.
13, 12, 11, 10, 9, 8, 7, 6 수를 8번 세었으므로 14－6은 8입니다.
두 번째는 밑에서부터 세기야. 6에서 14가 될 때까지 세어 보자.
14
13
12
11
10
9
8
7
7, 8, 9, 10, 11, 12, 13, 14 수를 8번 세었으니까 14－6＝8이에요.
세 번째는 선생님의 설명을 잘 들어보렴. 14에서 10을 뺀 후 4를 더하는 방법이야. 이해할 수 있겠니?
예, 선생님 전에 배웠어요.
네 번째는 14에서 4를 뺀 후 다시 2를 더 빼는 방법이야.
14－4＝10이고 10－2＝8이므로 14－6＝8입니다.
요건 못 풀 줄 알았는데…….

제05장

# 곱셈의 성질과 곱셈 방법에 대하여 알려 주세요

교과 연계

**초등 3-1** | 6단원 : 곱셈
**초등 4-1** | 2단원 : 곱셈과 나눗셈

학습 목표

곱셈의 성질과 곱셈의 방법에 대해 알아본다. 곱셈과 덧셈에는 어떤 방법이 있으며 일상생활에서 곱셈을 이용하는 상황에서 직접 활용해본다.

## 곱셈의 성질

민주 선생님, 전 오늘 곱셈에 대해 많이 알고 싶어요. 그동안 제대로 모르고 그냥 계산만 했어요.

오트레드 그래요. 선생님하고 먼저 곱셈의 재미있는 성질 몇 가지를 공부해 봐요. 곱셈의 가장 기초적인 성질은 덧셈과 관련이 있어요.

민주 예, 선생님. 예를 들면 $3\times5$는 3을 5번 더한 것과 같아요.

오트레드 그래요. $3\times5=3+3+3+3+3=15$이지요. 이렇게 덧셈을 이용하여 곱셈을 할 수 있어요. 참고로 같은 수를 계속 더하는 것을 동수누가라고 해요.

그럼, $5\times3=5+5+5=15$라고도 할 수 있지요.

민주 예, 선생님. 그럼 $3\times5$와 $5\times3$의 값은 같아요.

오트레드 이런 것을 곱셈의 교환법칙이라고 해요.

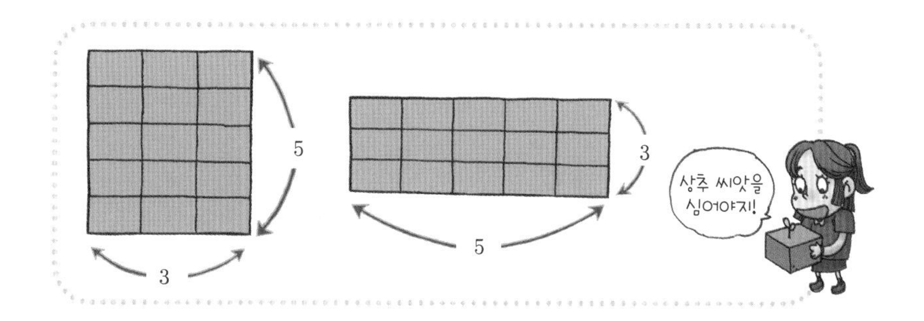


작은 네모 1칸에 1개의 씨앗을 심는다면 왼쪽(3×5)과 오른쪽(5×3) 모두 15개의 씨를 심게 되겠지요. 그림을 보면 이해가 더 빠를 거예요.

이제 곱셈의 다른 성질을 알려 줄게요.

어떤 수에 이 수(?)를 곱하면 값이 커지거나 작아지지 않고 그 값은 바로 자신이에요. 이 수(?)는 무엇일까요? $A\times?=A$ ($A$를 어떤 수라고 하자)

민주 1이에요. 어떤 수를 곱해도 항상 그 수가 나오니까요.

오트레드 잘했어요. 그럼, 어떤 수에 이 수(?)를 곱하면 그 값은 무조건 0이 돼요. 이 수(?)는 무엇일까요? $A\times?=0$($A$를 어떤 수라고 하자)

민주 0이에요. 어떤 수를 곱해도 항상 0이 나오잖아요.

오트레드 맞았어요. 재미있는 그림 두 개를 보여 줄게요. 동그라미 모양의 종이컵에 흙을 넣고 씨앗을 하나씩 심으려고 해요.

첫 번째 그림인데 여기에 씨를 몇 개 심을 수 있을까요?

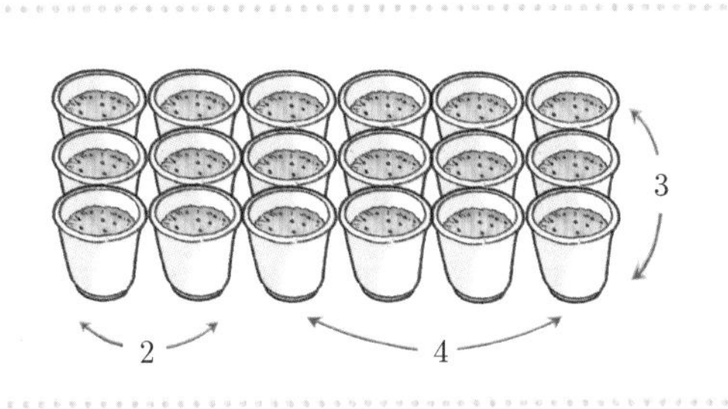

민주 18개요. 식으로 나타내면 $3 \times 6$이에요.

오트레드 하하하! 그래요. 그런데 6은 $2+4$이지요.

민주 예. 식으로 나타내면 $3 \times (2+4)$입니다.

오트레드 두 번째 그림인데 첫 번째 그림하고는 다르지요?

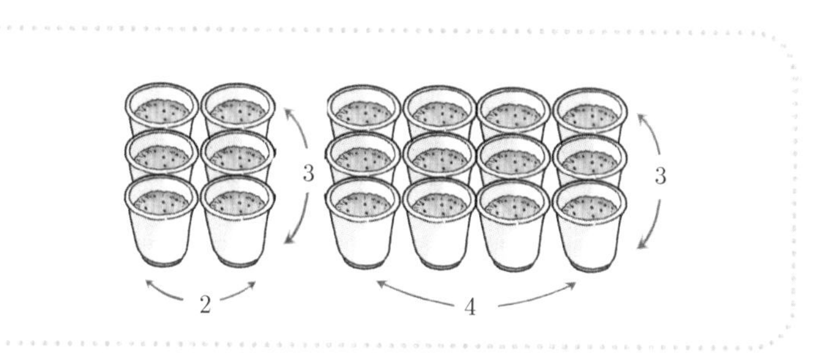


여기에서 왼쪽과 오른쪽을 더하여 모두 몇 개의 씨앗을 심을 수 있을까요? 그리고 식으로도 나타내 볼까요?

민주 18개요. 왼쪽의 곱셈식은 $3 \times 2 = 6$이고, 오른쪽의 곱셈식은 $3 \times 4 = 12$가 돼요. 그래서 왼쪽과 오른쪽을 더하면 $3 \times 2 + 3 \times 4 = 18$개의 씨앗을 심을 수 있어요.

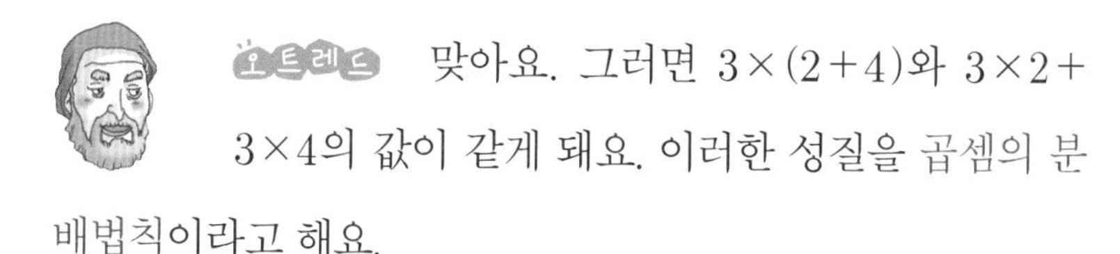

오트레드 맞아요. 그러면 $3 \times (2+4)$와 $3 \times 2 + 3 \times 4$의 값이 같게 돼요. 이러한 성질을 곱셈의 분배법칙이라고 해요.

## 곱셈의 성질

오트레드 자, 여기 달걀이 있어요. 달걀은 모두 몇 개일까요?

민주 눈으로 빨리 세어보니 15개네요.

오트레드 하하하! 그럼 아래에 있는 달걀은 모두 몇 개일까요?

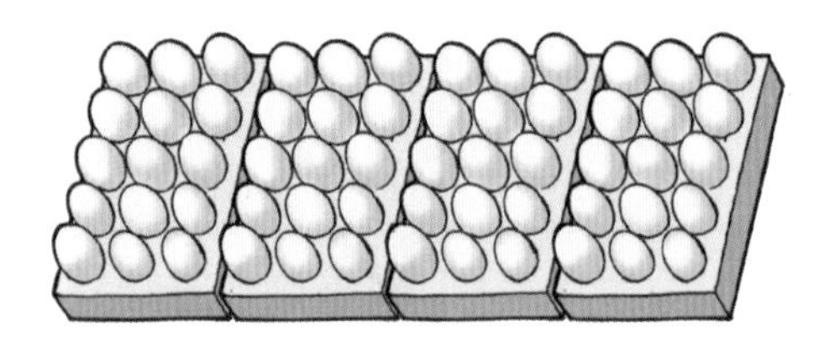

민주 눈으로 빨리 세기는 어려워요. 다른 방법을 사용해야 할 것 같아요.

오트레드 하하하! 그럼, 달걀판은 모두 몇 개 있지요?

민주 달걀판이 모두 4개 있어요.

오트레드 그래요. 그럼 달걀판 1개에는 달걀이 15개이니까 달걀은 모두 몇 개일까요?

민주 달걀 15개짜리가 4판 있으니까, $15+15+15+15=15\times4=60$, 모두 60개입니다.

오트레드 맞았어요. 이 문제에서 공부할 게 참 많군요. 여기 달걀판을 살펴보기로 해요. 3개씩 5줄 있지요? 이것을 곱셈으로 나타낼 수 있지 않을까요?

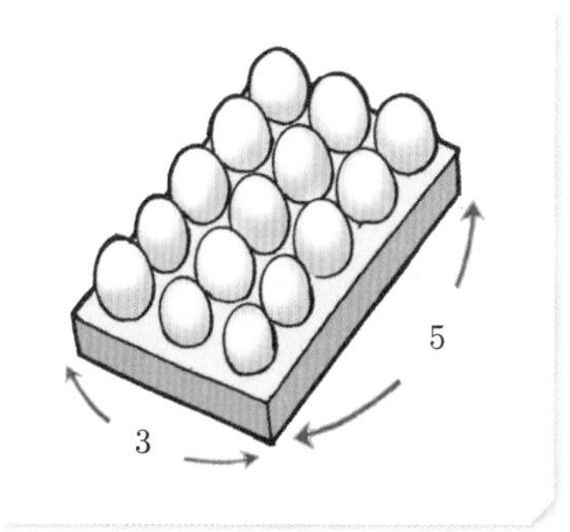

민주 아! 달걀판에는 3개씩 5줄 있습니다. 따라서 달걀판에 $3+3+3+3+3=15$이므로 15개입니다. 그리고 $3+3+3+3+3=3\times5=15$입니다. 15개인 달걀판이 모두 4개 있습니다. $15+15+15+15=15\times4=60$이므로 달걀은 모두 60개입니다.

오트레드 그래요. 15×4=60에서 15 대신 3×5(3개씩 5줄)를 넣으면 3×5×4=60이에요. 그런데 5×4×3을 계산해 봐요(달걀이 5개씩 4줄로 있는 달걀판이 3개 있다면 달걀은 모두 60개이다. 그림으로 직접 그려보세요).

5×4×3=20×3=60

따라서 3×5×4=5×4×3=60이다.

이와 같이 곱하기를 연속으로 할 때 그 값은 곱하는 순서와 상관없어요. 이럴 때는 계산하기 편한 수부터 곱하는 것이 좋아요. 3×5를 한 후 4를 곱하는 것보다 5×4를 한 후 3을 곱하는 것이 편하다면 그렇게 하는 것이 좋아요. 48×25×40에서 48×25를 하면 계산이 좀 복잡하지요. 하지만 25×40부터 계산하면 편리합니다. 또한 25×40을 25×4×10으로 변형하면 계산하기가 편하답니다. 25×4는 25를 4번 더하는 것과 같으므로 그 값이 100이라는 것을 쉽게 알 수 있으며, 100×10=1000이므로 25×40=1000입니다.

따라서 48×25×40=48×(25×40)=48×1000=48000입

니다. 만약 $48 \times 25$부터 계산한다면 조금 시간이 걸리겠지요?

이제 달걀 수를 늘려 볼까요? 달걀판이 그림과 같이 쌓여 있어요. 달걀은 모두 몇 개일까요?

민수 달걀이 너무 많아요. 일일이 센다면 시간이 너무 오래 걸릴 것 같아요.

오트레드 그렇다면 어떻게 하면 달걀이 모두 몇 개인지 쉽게 알 수 있을까요?

1단계 일단 한판은 달걀이 3개씩 5줄 있으므로 ($3\times5=15$) 15개이다.

2단계 맨 위층에 있는 달걀의 수를 센다. 15개짜리가 가로로 4판씩, 세로로 3판씩 있으므로 $15\times4\times3=180$으로 맨 위층의 달걀 수는 모두 180개이다.

오트레드 그럼, $180\times6$은 어떻게 했을까요? 교과서에는 다음과 같은 방법으로 계산하라고 되어 있지요.

$$\begin{array}{r} {}^{1\,4}\phantom{00} \\ 1\;8\;0 \\ \times\quad\;\; 6 \\ \hline 1\;0\;8\;0 \end{array}$$

그런데 다음의 방법도 알아두세요.

$180=100+80$이므로

$180\times6=(100+80)\times6=6\times(100+80)$

$=6\times100+6\times80=100\times6+80\times6$이에요.

($80\times6=8\times10\times6=10\times8\times6=10\times48=480$, 곱하기만 섞여 있을 때는 계산 순서가 바뀌어도 상관없다.)

$$\begin{aligned}180\times 6&=100\times 6+80\times 6\\&=600+480=600+400+80\\&=1000+80=1,080\end{aligned}$$

민주 선생님, 그런데 643×48은 어떻게 계산해야 할까요? 지금까지 이유도 모른 채 세로로 계산해 왔어요.

오트레드 그래요. 643×40+643×8과 같음을 알 수 있겠어요?

민주 예. 48=40+8이므로 643×48=643×(40+8)=643×40+643×8입니다.

오트레드 자, 그러면 643×40을 ㉠, 643×8을 ㉡이라 하고 ㉠+㉡을 하면 되지 않을까요?

$$\begin{aligned}643\times 40&=643\times 4\times 10\\&=(600\times 4+40\times 4+3\times 4)\times 10\\&=(2400+160+12)\times 10\\&=2572\times 10\\&=25,720 \quad \cdots\cdots ㉠\end{aligned}$$

$$
\begin{aligned}
643\times8&=(600+40+3)\times8\\
&=8\times(600+40+3)\\
&=600\times8+40\times8+3\times8\\
&=4800+320+24\\
&=5{,}144 \quad \cdots\cdots \text{㉡}
\end{aligned}
$$

$$\text{㉠}+\text{㉡}=25720+5144=30{,}864$$

위의 계산 과정을 세로식으로 표현하면 다음과 같답니다.

$$
\begin{array}{r}
643\\
\times\ \ 48\\
\hline
5144\\
25720\\
\hline
30864
\end{array}
\qquad
\begin{array}{r}
643\\
\times\ \ \ 8\\
\hline
5144
\end{array}
\qquad
\begin{array}{r}
643\\
\times\ \ 40\\
\hline
25720
\end{array}
$$

민수 아! 이제는 곱셈의 세로식 계산 과정의 원리를 이해할 수 있을 것 같아요.

오트레드 그래요. 더 큰 수의 곱셈도 이와 같은 원리로 계산하면 된답니다.

- 곱셈은 덧셈과 관련이 있다. $3\times4$는 3을 4번 더한 것과 같다. 즉, $3\times4=3+3+3+3$이다. 두 수를 곱하는 위치를 바꾸어도 그 값은 같다. 예를 들면 $3\times4=4\times3$이다.

- $A\times(B+C)=A\times B+A\times C$이다.
  예를 들면 $3\times(2+4)=3\times2+3\times4$이다.

- 어떤 수에 1을 곱하면 그 값은 변화가 없다. 어떤 수에 0을 곱하면 그 값은 항상 0이다.

- 곱하기를 연속적으로 할 때 그 값은 곱하는 순서와 상관없다.
  $3\times5\times4=5\times4\times3=5\times3\times4$이다.

- 앞에서부터 곱셈하는 것이 불편하면 계산하기 쉬운 것부터 곱하면 된다. $48\times25\times40$의 경우 $25\times40$부터 계산하는 것이 더 편리하다.

요구르트가 3개씩 4묶음 있어. 그럼 요구르트는 모두 몇 개이지?
음……. 3개씩 4개니까……. 3+3+3+3=12, 12개입니다.
잘했어. 그럼 곱셈식으로 나타내볼래?
예, 선생님. 3+3+3+3=3×4입니다.
요구르트가 2개씩 3묶음과 2개씩 4묶음 있어. 요구르트는 모두 몇 개이지?
곱셈과 덧셈식으로 하면 (2×3)+(2×4)=6+8=14, 14개입니다.
그럼 요구르트가 2개씩 7묶음 있어. 요구르트는 모두 몇 개이지?
곱셈식으로 하면……. 2×7=14, 14개입니다.
7은 3+4로 바꿀 수 있겠지?
그럼 2×(3+4)=14입니다. 따라서 (2×3)+(2×4)와 2×(3+4)는 값이 14로 같아요.
요구르트가 4개씩 3묶음 있어. 그럼 요구르트는 모두 몇 개일까?
4×3=12, 12개입니다.
앞에서 요구르트 3개씩 4묶음도 요구르트가 12개였지?
네에~!
요구르트 3개씩 4묶음을 식으로 나타내면 3×4이고 12개, 4개씩 3묶음을 식으로 나타내면 4×3이고 12개이니까……. 3×4=4×3예요.

제06장

# 나눗셈에 대하여 알고 싶어요

**교과 연계**

**초등 3-1** | 4단원 : 나눗셈
**초등 4-1** | 2단원 : 곱셈과 나눗셈

**학습 목표**

나눗셈은 곱셈과 어떤 관계가 있는지 알아보고 표현식을 만들어본다. 나누어지는 수, 나누는 수, 몫이 무엇인지 배우고 나눗셈을 하는 기초적인 방법인 계속 더하여 가기와 0이 될 때까지 빼는 과정을 배워 본다.

## 나눗셈에 대하여

**오트레드** 여러분이 사칙연산 중 가장 어려워하는 것은 아마 나눗셈일 거예요. 왜냐하면 우리가 학교에서 배운 방법으로 하면 덧셈, 뺄셈, 곱셈을 모르면 나눗셈은 하기가 어려워요. 그래도 $72 \div 9 = 8$, 이런 나눗셈은 쉽지요.

**민주** 예, 선생님, $8 \times 9 = 72$이니까요.

**오트레드** 곱셈과 나눗셈의 관계를 생각하면 쉬운 문제지요. 먼저 $15 \div 5 = 3$을 생각해 봐요.

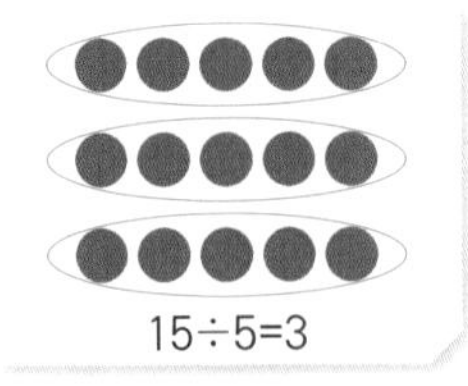


점 15개를 5개씩으로 묶었더니 3묶음이 되었어요.

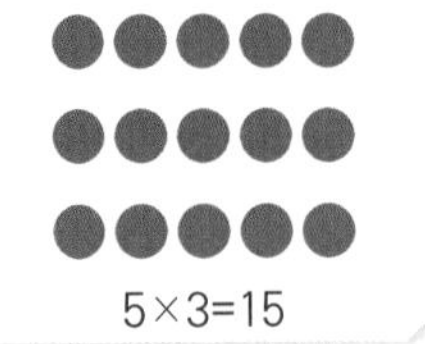


점을 가로로 5개씩, 세로로 3개씩 배열하였는데 모두 15개가 되었어요.

민주 아! 이해가 돼요.

오트레드 그러면 $17 \div 3$의 몫과 나머지를 구하는 나눗셈을 생각해 봐요. 어떤 해결방법이 있을까요?

첫째, 덧셈을 이용하는 방법이에요.

$3+3=6$, $3+3+3=9$, $3+3+3+3=12$,

$3+3+3+3+3=15$…

3을 5번 더했더니 15이고, 17이 되려면 아직 2가 남아 있어요.

곱셈과 덧셈의 혼합계산식으로 나타내면 $3\times5+2=17$입니다. 그림으로 나타내면 다음과 같아요.

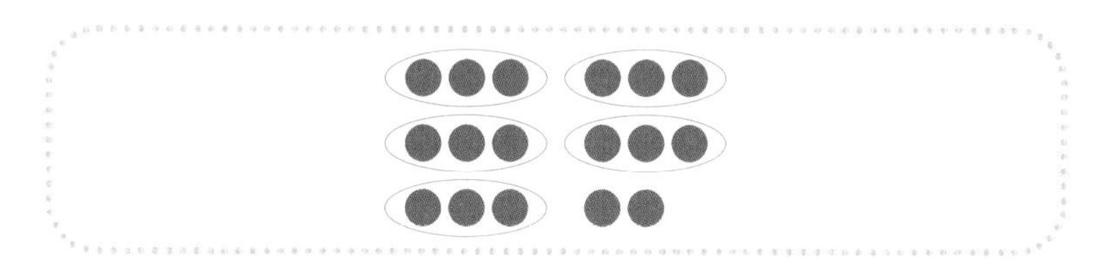

위 그림을 실생활을 예로 들어 설명할게요.

우유 17개가 있는데 3개씩 묶으려고 해요. 모두 몇 묶음이고 남은 우유는 몇 개일까요?

우유를 3개씩 묶었더니 모두 5묶음이 되었고 2개가 남았어요. 따라서 몫은 5이고 나머지는 2가 되지요.

식으로 표현하면 $17 \div 3 = 5 \quad \cdots 2$ (몫은 5, 나머지는 2)

둘째, 뺄셈을 이용하는 방법이에요. 이번에는 먼저 그림부터 보기로 해요.

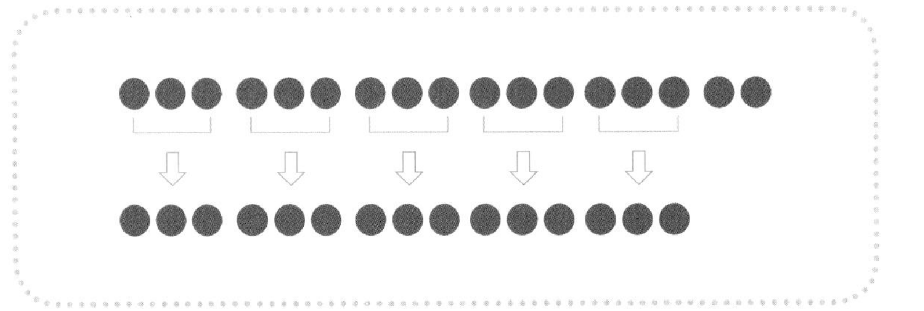

17에서 3씩 5번 빼고 2가 남았어요. 2마저 빼면 0이에요.

$17-3-3-3-3-3-2=0$

위의 식을 이야기로 표현할게요. 사탕 17를 3개씩 친구들에게 나눠 주고 있어요. 첫 번째 친구에게 3개 주었더니 14개 남았어요. 두 번째 친구에게 3개 주었더니 11개 남았어요. 세 번째 친구에게 3개 주었더니 8개 남았어요. 네 번째 친구에게 3개 주었더니 5개 남았어요. 다섯 번째 친구에게 3개 주었더니 2개 남았어요. 이제 더 이상 3개씩 줄 수 없어요. 사탕 17개를 한 사람에게 3개씩 주었더니 5명에게 주었고 사탕 2개가 남았어요.

따라서 몫은 5이고 나머지는 2가 되는 거죠.

식으로 표현하면 $17 \div 3 = 5 \quad \cdots 2$ (몫은 5, 나머지는 2)

셋째, 곱셈을 이용하는 방법이에요.

3에 어떤 수를 곱하면 17에 가장 가까우면서도 17보다 작을까요?

민주 $3 \times 4 = 12$, $3 \times 5 = 15$, $3 \times 6 = 18$이니까 3에 5를 곱하면 17에 가장 가까우면서도 값이 17보다 작아요.

오트레드 맞아요. $3 \times 5 = 15$이지요. 그리고 여기에 2를 더하면 17이 되지요?

민주 예, 선생님. 식으로 나타내면 $3 \times 5 + 2 = 17$입니다.

오트레드 $3 \times 5 + 2 = 17$은 어떤 나눗셈의 검산식일까요?

민주 나눗셈 식으로 나타내면 $17 \div 3 = 5 \quad \cdots 2$(몫은 5, 나머지는 2)입니다.

오트레드 자, 이제 조금 큰 수의 나눗셈을 공부해 볼까요?

알사탕 406개가 있어요. 친구 7명에게 406개 모두를 똑같이 나누어 주려고 해요. 한 사람이 몇 개의 사탕을 가지면 될까요?

어떻게 하면 될까요? 한 사람에게 1개씩 나눠 주면 되겠지요?

민수 하지만 그러면 시간이 오래 걸리잖아요?

오트레드 그러면 몇 개씩 나눠 줄까요? 3개씩? 4개씩? 사탕을 몇 개씩 주면 406개를 7명에게 똑같이 나눠 줄 수 있을까요?

민수 만약 4개씩 준다면 $7 \times 4 = 28$이므로 406개 중 28개만 7명이 나누어 가지고 378개는 남아 있어요.

**오트레드** 그럼, 여기서 떠오르는 생각은 없나요?

**민주** 아! 7을 곱하여 406이 되는 어떤 수를 찾으면 돼요. 만약 406이 안 된다면 406보다 작지만 406에 가장 가까운 수를 찾으면 돼요.

**오트레드** $7 \times \square = 406$에서 □는 어떤 수일까?

**민주** $7 \times 9 = 63$, $7 \times 10 = 70$이므로 □는 10보다 큰 수임에 틀림없어요.

$7 \times 20 = 140$, $7 \times 30 = 210$, $7 \times 40 = 280$,
$7 \times 50 = 350$, $7 \times 60 = 420$이므로
□는 50보다 크고 60보다 작은 수이다. …… ㉠

$7 \times 51 = 357$, $7 \times 52 = 364$, $7 \times 53 = 371$,
$7 \times 54 = 378$, $7 \times 55 = 385$, $7 \times 56 = 392$,
$7 \times 57 = 399$, $7 \times 58 = 406$이므로 □는 58이다.
$406 \div 7 = 58$이다.

따라서 한 사람이 58개의 사탕을 갖게 된다.

민주 선생님, 세로셈으로 계산하는 법을 배워 지금은 그 이유를 조금은 알 것 같아요.

오트레드 그래요. 선생님이 더 알기 쉽게 차근차근 설명해 줄게요.

1단계 ㉠에서 $7 \times \square = 406$, $7 \times 50 = 350$, $7 \times 60 = 420$이므로 □는 50보다 크고 60보다 작은 수임을 알았어요. 즉 □는 5?(5로 시작하는 두 자리 수)에요. 이것을 세로셈으로 나타내면 다음과 같아요.

```
      5 ?
   ┌─────
 7 ) 4 0 6
     3 5 0
   ───────
```

여기에서 사탕 406개 중 350개만 7명에게 나누어 주었습니다(한 사람이 50개씩 나누어 가진 셈입니다).

일단 7명에게 50개씩 똑같이 나누어 주었습니다.

아직 406－350개만큼 남아 있어요. 이것을 7명에게 다시 똑같이 나누어 주어야 해요.

406－350＝56, 56개가 남아 있어요. 이것도 7명에게 똑같이 나누어 주어야 합니다.

```
               5 ?
            7 ) 4 0 6
                3 5 0
                -----
406－350＝56 ⇨    5 6
```

남아 있는 사탕 56개를 7명에게 똑같이 나누어 주어야 하기 때문에 56÷7을 해야 한다. 56÷7=8이므로

```
             58    ⇦ 56÷7=8
          ┌────
        7 ) 406
            350
          ─────
406−350=56 ⇨  56
   7×8=56 ⇨   56
          ─────
               0
```

문제에서는 '친구 7명에게 406개 모두를 똑같이 나누어 주려고 합니다. 한 사람이 몇 개의 사탕을 가지면 될까요?'라고 했지요? 모두 똑같이 나누어 준다는 말에 주의해야 해요.

민주 예, 선생님. 남는 사탕이 있어서는 안 돼요. 그리고 7명에게 똑같이 나누어 주어야 해요.

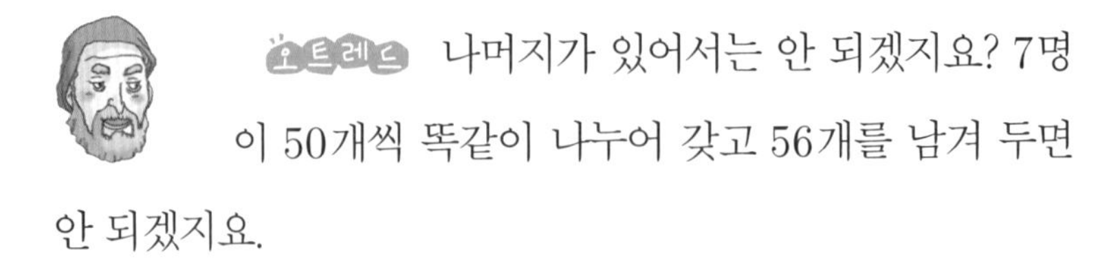

오트레드 나머지가 있어서는 안 되겠지요? 7명이 50개씩 똑같이 나누어 갖고 56개를 남겨 두면 안 되겠지요.

그럼, 이번에는 선생님과 새로운 나눗셈 계산법을 공부하도록 해요. 이 나눗셈은 나머지를 없애는 방법이에요. 다음 방법을 잘 생각해 봐요.

- $406=7\times50+56$ (406을 7로 나누어서 몫이 50이고 나머지가 56인데 56은 다시 7로 나눌 수 있다)
- $56=7\times8+0$ (56을 7로 나누어서 몫이 8이고 나머지는 없다)
- $50+8=58$

  따라서 $406\div7$은 몫이 58이다.

민주 학생, $542\div21$을 나머지를 없애는 방법으로 해볼 수 있을까요?

민주 예, 선생님. 제가 해 볼게요.

- $542 = 21 \times 20 + 122$
  (542를 21로 나누어서 몫이 20이고 나머지가 122인데 122는 다시 21로 나눌 수 있다)
- $122 = 21 \times 5 + 17$
  (122를 21로 나누어서 몫이 5이고 나머지가 17이다)
- $20 + 5 = 25$

따라서
$542 \div 21$의 몫은 25이고 나머지는 17이다. …… ㉠
검산식으로 표현하면 $542 = 21 \times 25 + 17$이다.

**오트레드** 잘했어요. 어떤 자연수의 나눗셈도 이와 같은 방법으로 해결할 수 있어요.

**민수** 무슨 말씀인지 잘 모르겠어요.

**오트레드** 먼저 $542 = 21 \times 12 + 290$, 이렇게 해도 되지요?

**민수** 예? 선생님. 이렇게 하는 건 처음 봐요.

- $542=21\times12+290$
  (542를 21로 나누어서 몫이 12이고 나머지가 290인데 290은 다시 21로 나눌 수 있다.)
- $290=21\times12+38$
  (290을 21로 나누어서 몫이 12이고 나머지가 38인데 38은 다시 21로 나눌 수 있다.)
- $38=21\times1+17$
  (38을 21로 나누어서 몫이 1이고 나머지가 17인데 17은 다시 21로 나눌 수 없다.)
- $12+12+1=25$, 따라서 $542\div21$의 몫은 25이고 나머지는 17이다. ······ ㉡

검산식으로 표현하면 $542=21\times25+17$이다.

오트레드 어때요? ㉠과 ㉡의 결과가 똑같지요? ㉡의 과정을 상황을 들어서 설명할게요.

- $542\div21$ ⇒ 구슬 542개가 있는데 21명이 똑같이 최대한 많이 나누어 가지려고 해요. 한 사람이 얼마씩 가지면 될까요?

- $542=21\times12+290$ ⇒ 먼저 한 사람이 12개씩 나누어 가졌어요. 그런데 290개가 남았어요. 그런데 290개는 21명이 더 나누어 가질 수 있어요.

- $290=21\times12+38$ ⇒ 남은 구슬 290개를 21명이 다시 12개씩 나누어 가졌어요. 그런데 조금 전에 12개씩 나누어 가졌고 이번에 또 12개씩 나누어 가졌으므로 지금까지 한 사람이 24개를 가지고 있어요. 그런데 38개가 남았어요. 남은 구슬 38개도 21명이 나누어 가질 수 있어요.

- $38=21\times1+17$ ⇒ 남은 구슬 38개를 21명이 1개씩 나누어 가졌어요. 전까지 24개를 가지고 있었으므로 이제 한 사람이 구슬 25개를 가지고 있어요. 남은 구슬은 17개에요. 그런데 구슬 17개는 21명이 똑같이 나누어 가질 수 없어요. 따라서 구슬 542개를 21명이 똑같이 최대한 많이 나누어 가진다면 한 사람이 25개를 갖게 되고 남은 구슬은 17개가 되는 거예요.

민수 이런 방법으로 하면 어떤 큰 수의 나눗셈도 해결할 수 있겠어요.

## 나눗셈의 나머지에 대하여

민주 선생님, 나눗셈에서 왜 나머지가 있는지 모르겠어요. 그냥 남는 부분까지 나눠 버리면 되잖아요?

오트레드 하하하. 무슨 말인지 알겠어요. 사과 8개가 있어요. 3명이 똑같이 나눠 먹으려고 합니다. 한 사람이 몇 개의 사과를 먹을 수 있을까요?

3명이 나눠 먹으니까 접시 3개가 필요하겠네요. 접시 3개에 사과 8개를 똑같이 옮겨 보기로 해요.

3명이 2개씩 갖고 2개가 남았다면, 몫이 2이고 나머지 2일까요?

민수 남은 사과 2개도 3명이 똑같이 나눠 먹을 수 있잖아요.

오트레드 그렇지요. 남은 사과 2개를 아래 그림처럼 조각낼 수 있겠지요.

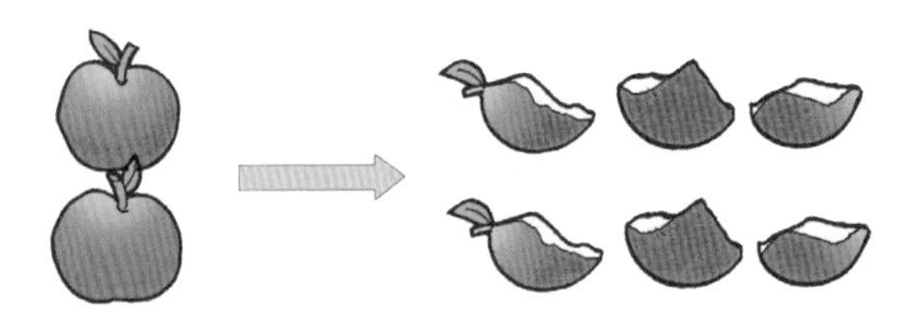

그리고 조각낸 사과를 접시에 담으면 다음과 같아요.

그럼 한 사람이 사과 몇 개를 먹을 수 있을까요?

민수 2개랑…… 사과 1개를 3조각 한 것 중 2개니까…… $\frac{2}{3}$개요. 한 사람이 $2+\frac{2}{3}$개 먹을 수 있어요.

오트레드 이렇게 과일같이 먹을 수 있는 것은 남는 것을 버리거나 포기하지 않는 한 나머지가 없어요. 물론 콩같이 끝까지 나누기가 어려운 것도 있지만요.

자, 그럼. 다음 상황을 살펴봐요.

우정이네 반 아이들은 모두 35명입니다. 남자 여자 구분 없이 6명씩 한 모둠으로 만들려고 합니다. 모두 몇 모둠이 되고 6명씩 한 모둠에 들어가지 못하는 아이들은 몇 명일까요?

다음 그림을 볼까요?

민수 그림을 그려서 생각해 보니 6명씩인 모둠은 5모둠이고, 6명씩인 모둠에 들지 못하고 남는 아이들은 5명입니다.

오트레드 맞아요. 그런데 사람의 몸은 나눌 수 없잖아요. 이런 경우는 나누어서떨어지지 않는다면 반드시 나머지가 있게 되는 거죠.

위의 상황은 몫이 5이고 나머지도 5가 되네요. 검산식을 이용하여 식으로 나타내면 6×5+5=35가 되겠지요.

두 가지 상황의 나눗셈을 설명했는데 이처럼 나눗셈에서는 상황에 따라 나머지가 있을 수도 있고 없을 수도 있게 됩니다.

나눗셈에서 무조건 나머지를 구해야 한다는 생각은 버려야 하는 거예요. 물론 문제에서 굳이 나머지를 구하라고 하면 구해야 하겠지요.

제06장
# 핵심정리

- 나눗셈은 곱셈과 관계가 있다. 나눗셈에서 나누는 수와 몫을 곱하면 나누어지는 수가 된다.
  $72 \div 9 = 8$을 곱셈식으로 표현하면 $8 \times 9 = 72$이다 (72를 나누어지는 수, 9를 나누는 수, 8을 몫이라고 하자).

- 나눗셈의 가장 기초적인 방법은 계속 더하여 가기와 0이 될 때까지 계속 빼는 것이다.
  - $12 \div 3$의 경우 3을 4번 더하면 12가 되므로 몫은 4이다.
  - 12에서 3을 4번 빼면 0이므로 $12 \div 3$의 몫은 4이다.

- 잘 나누어지는 음식이나 과일 같은 것을 필요에 의해 똑같이 나눌 때 나눗셈은 나머지가 없이 몫을 분수로 나타내면 된다.

호떡 8개를 3명이 똑같이 나눠 먹으려고 한다. 8÷3
우와~! 맛있는 호떡이다!
내가 먼저 먹을 거야~!
셋이서 두 개씩 먹으니까 호떡이 2개가 남았네. 어떻게 나눠 먹지?
그러게…….
잘봐~! 남은 호떡 2개를 우리 셋이서 똑같이 나눠 먹으려면
이렇게 3등분해서 두 개씩 먹으면 되는 거야.
결국 한 사람이 먹은 호떡의 양은 2+1/3+1/3개이다.
2+1/3+1/3=
2+2/3=2 2/3
우와~! 정말이네?
오늘 암탉들이 달걀을 43개나 낳았어요.
?
단짝친구 7명이 놀러와서 엄마는 7명에게 달걀 43개를 똑같이 나눠 주려고 해요. 43÷7
나는 구구단 7단을 외웠어요. 7X1=7, 7X2=14, 7X3=21, 7X4=28.
아~! 친구 7명에게 계란을 6개씩 나눠 주면 되는구나.
?
따뜻하게 품어서 건강한 병아리를 낳을 테야.
그런데 계란 1개가 남아 남은 계란을 내가 갖기로 했어요. 43÷7은 몫이 6이고 나머지가 1입니다.

**교과 연계**

**초등 3-1** | 2단원 : 덧셈과 곱셈
**초등 3-2** | 2단원 : 곱셈
**초등 4-1** | 6단원 : 혼합계산

**학습 목표**

덧셈과 뺄셈, 곱셈과 나눗셈이 섞여 있을 때 어떤 식으로 계산하는지를 배워 본다. 덧셈과 뺄셈이 섞여 있거나 괄호가 있는 식의 계산 순서 등 사칙연산의 계산 순서를 알아본다.

민주 선생님, 곱셈하고 덧셈하고 섞인 식은 곱셈부터 계산해야 되잖아요. 저는 그냥 무작정 그렇게 하라고 배웠는데 그 이유를 알고 싶어요.

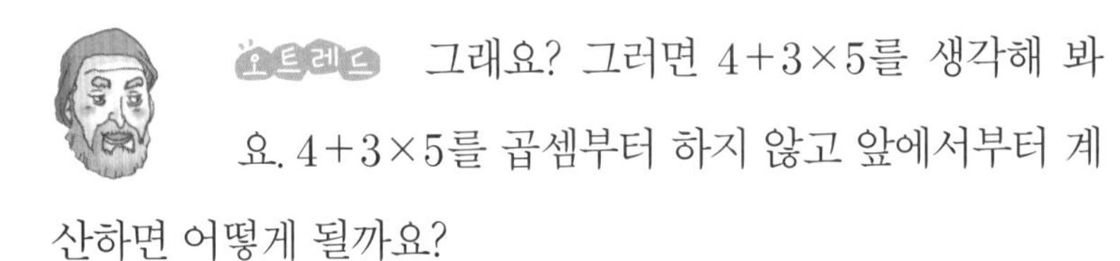

오트레드 그래요? 그러면 $4+3\times5$를 생각해 봐요. $4+3\times5$를 곱셈부터 하지 않고 앞에서부터 계산하면 어떻게 될까요?

민주 $4+3=7$, $7\times5=35$이므로 35입니다.

오트레드 그러면 곱셈부터 하면 어떻게 될까요?

민주 $3\times5=15$, $4+15=19$이므로 19입니다.

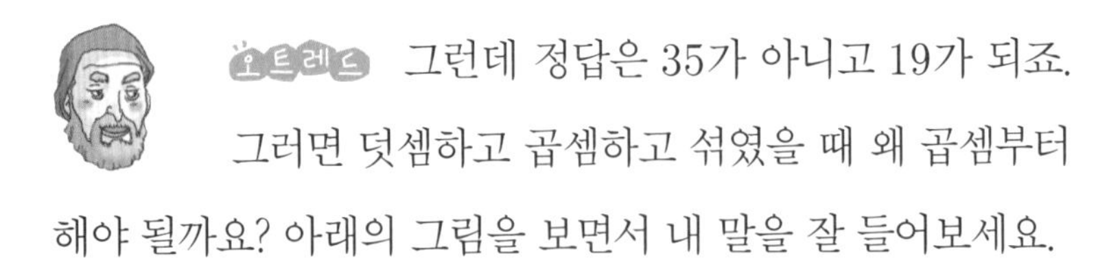

오트레드 그런데 정답은 35가 아니고 19가 되죠. 그러면 덧셈하고 곱셈하고 섞였을 때 왜 곱셈부터 해야 될까요? 아래의 그림을 보면서 내 말을 잘 들어보세요.

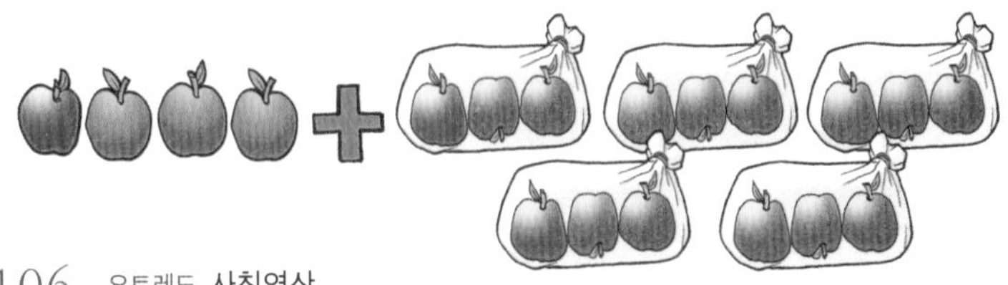

지우 가족은 엄마, 아빠, 지우, 지우 동생 이렇게 4명입니다. 지우 집에는 큰 사과나무가 있답니다. 지우 엄마는 가족들에게 1개씩 주기 위해 사과 4개를 따서 집으로 가져왔어요. 그리고 지우 친구 5명이 놀러왔습니다. 지우 엄마는 다시 사과를 따서 친구 5명에게 3개씩 주었습니다.

그렇다면 지우 엄마가 오늘 딴 사과는 모두 몇 개일까요?

민주 19개입니다.

오트레드 어떻게 19개가 되었는지 생각해 봐요.

1단계 지우 가족 4명을 위한 사과: 4개
지우 친구 5명을 위한 사과: 한 명에게 3개씩,
5명이니까 ($3\times5$), 15개

2단계 $4+15=19$

민주 학생, 이해하겠어요? 지우 가족을 위한 사과와 지우 친구들을 위한 사과를 별도로 다루고 있답니다. 따라서 $3\times5$를 먼저 한 후에 4를 더해야 한답니다.

민주 예. 생활 속에서 예를 드니까 이해하기 쉬워요.

오트레드 그럼 $12-(3\times2)$를 생각해 봐요. 민주 학생, 생활 속의 장면을 그림을 그려가며 설명해 볼 수 있겠어요?

민주 생활 속의 장면을 생각해서 해야 하니까 곱셈부터 해야겠어요. 지금부터 시작할게요.

1단계 오늘 사과 12개를 땄어요.

친구 2명이 놀러왔어요. 친구 2명에게 3개씩 주려고 비닐봉지 2개에 각각 사과 3개씩 넣었어요.

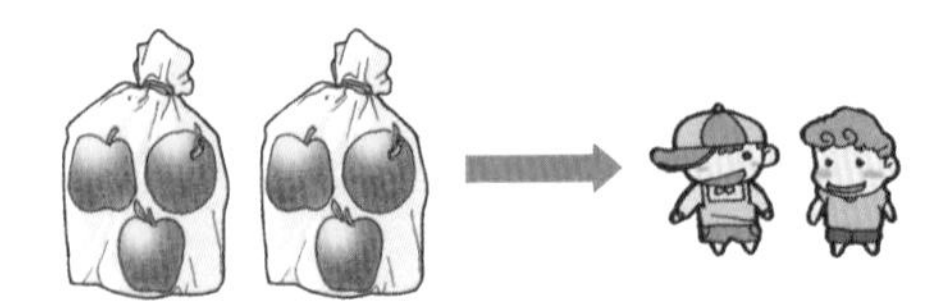

사과가 6개 남았어요.

2단계 친구 2명에게 3개씩 주려고 비닐봉지에 넣었어요(비닐봉지에 넣은 사과는 모두 6개입니다. $2 \times 3$)

3단계 남아 있는 사과는 모두 6개입니다. $12-6=6$

오트레드 아주 잘했어요. 요약하면 곱셈과 덧셈이나 뺄셈이 섞여 있는 혼합계산은 곱셈부터 합니다.

그러면 지금부터 덧셈이나 뺄셈이 나눗셈과 섞였을 때의 계산에 대하여 공부하도록 하죠. 달걀 10개가 들어가는 달걀판이 6개가 있답니다. 그런데 달걀은 40개만 있습니다. 달걀 40개를 달걀판에 담으려면 달걀판 몇 개가 필요할까요? 그리고 그 과정을 식으로 나타내 볼까요?

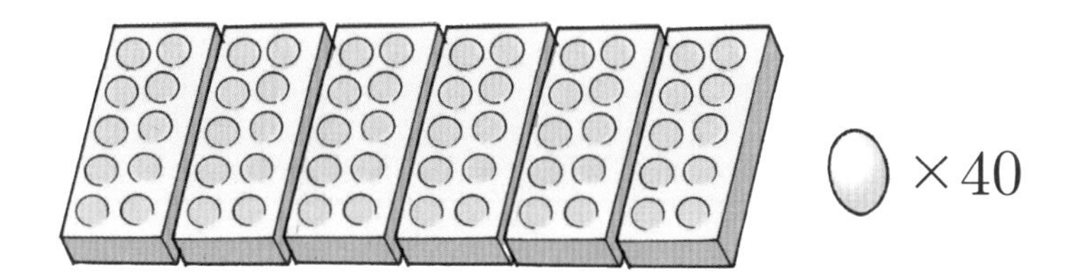

민주 4개가 필요해요. 식으로 나타내면 달걀판 1개에 달걀 10개를 넣을 수 있으니까…….
$40 \div 10 = 4$입니다. …… ㉠
남은 달걀판은 $6 - 4 = 2$니까, 2개요. …… ㉡

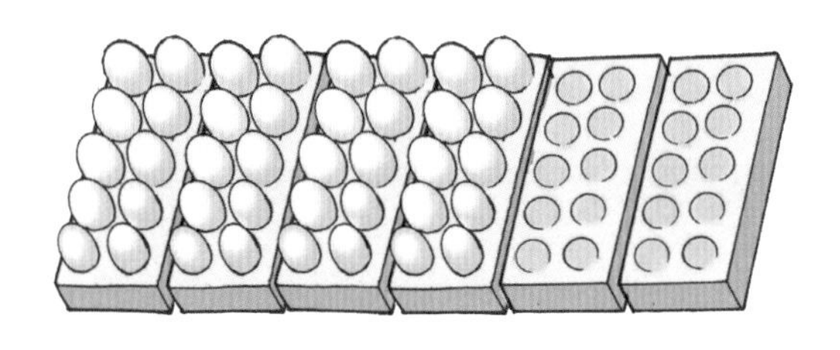

오트레드 그래요. 처음에는 달걀판이 모두 6개 있었어요. 달걀 40개 넣는데 달걀판 4개를 썼으니까, 남은 달걀판은 2개가 맞아요. 지금까지의 과정을 식으로 나타내면 $6 - 40 \div 10 = 2$가 되지요.

$6 - 40 \div 10$은 ㉠과 ㉡에서처럼 $40 \div 10$부터 계산하고 다음에 $6 - 4$를 계산했어요.

결국 $6 - 40 \div 10 = 6 - 4 = 2$가 되는 거지요.

제07장
# 핵심정리

- 덧셈과 뺄셈이 섞여 있는 식에서는 앞에서부터 차례로 계산한다.
- 덧셈과 뺄셈이 섞여 있고 (　)가 있는 식에서는 (　) 안을 먼저 계산한다.
- 곱셈과 나눗셈이 섞여 있는 식에서는 앞에서부터 차례로 계산한다.
- 곱셈과 나눗셈이 섞여 있고, (　)가 있는 식에서는 (　) 안을 먼저 계산한다.
- 덧셈, 뺄셈, 곱셈이 섞여 있는 식에서는 곱셈을 먼저 한다.
- 덧셈, 뺄셈, 나눗셈이 섞여 있는 식에서는 나눗셈을 먼저 한다.

150＋5×60＝155×60
＝9300? 이상하다?
왜 이렇게 많이
나오지?
150+5×60
=9300
덧셈과 곱셈이
섞여 있으면
곱셈부터
계산해야
된단다.
?
왜 곱셈부터
해야 돼요?
선생님이 예를 들어
설명해 줄게.
연필 한 자루에 150원
이고 지우개는 한 개에
60원이라고 하자. 민주가
연필 한 자루와 지우개
5개를 사면 모두 얼마
일까?
=150원
=60원
음…….
한 자루는 150원, 는 60원짜리
5개이니까 60원×5＝300원이란다.
그리고 150원＋300원＝450원이지.
연필과
지우개 값을
별도로
계산한 후
더하였지?
아! 그래서
덧셈과 곱셈이
섞였을 때는 곱셈
부터 하는구나!
150+5×60=
150+300
=450

제08장

# 왜 0으로 나누면 안 되는 거죠?

## (0과 사칙연산)

### 교과 연계

**초등 4-1** | 2단원 : 곱셈과 나눗셈
**초등 4-1** | 6단원 : 혼합계산

### 학습 목표

숫자 '0'에는 어떠한 의미가 있는지 알아본다. 어떤 수에 0을 곱하거나 나누면 어떤 결과가 나오는지 배워 본다.

민주 0이란 수에 대하여 알고 싶어요. 만약 0이 없다면 수를 나타낼 때 어려운 점이 많을 것 같아요.

오트레드 그래요. 그럼 선생님이 0에 어떤 뜻이 있는지 설명해 줄게요.

파인애플이 3개 있어요. 원시인이 1개를 먹고 2개가 남았는데 원시인이 1개 더 먹어서 1개만 남게 되었어요. 그런데 원시인은 남은 1개도 먹어서 파인애플이 하나도 없게 되었답니다.

원시인은 무엇이 없다는 것을 나타내기 위해 0이라고 쓰게 되었지요.

이와 같이 0에는 무언가가 '없다'라는 뜻이 있어요. 그리고 0은 어떤 것의 기준이 되기도 합니다.

민주 0이 어떤 것의 기준이 된다구요?

오트레드 온도계에서 0도가 없고 1도부터 시작된다고 생각해 보죠. 이럴 때 만일 눈금이 10도를 가리킨다면 1도부터 시작했으니 실제로는 9도이겠지요. 이처럼 0은 어떤 것의 기준점이 되는 거지요. 끝으로 0은 빈자리를 나타내요. 예를 들어 4,000을 나타낼 때 0이 없으면 4가 되겠지요. 4,000에서처럼 0이 빈자리를 나타내줘야 확실하게 되는 거죠.

민주 0에 어떤 수를 더하면 어떤 수잖아요.

오트레드 그렇지요. 예를 들면 100+0은 100과 같고, 0+100도 100과 같아요. 어떤 수에 아무것도 없는 것을 더하면 당연히 어떤 수가 되겠지요.

민주 어떤 수에서 0을 빼면 당연히 어떤 수잖아요. 예를 들어 7−0=7이죠. 그런데 0에서 어떤 수를 뺄 수 있나요?

오트레드 당연히 뺄 수 있어요. 다시 온도계를 떠올려 봐요. 0도에서 3도 더 내려가면 몇 도일까요?

영하 3도이지요. 이것을 식으로 나타내면 0도−3도=영하 3도가 됩니다. 여기서 도를 없애고 영하를 −로 바꾸면 0−3=−3이 된답니다.

그럼, 엘리베이터에서 3층−4층은 무엇일까? 그러니까 3층에서 4층만큼 내려가면 몇 층일까요?

민수 당연히 −1층, 그러니까 지하 1층이죠.

오트레드 땡! 그렇게 대답할 줄 알았어요. 답은 −2층, 그러니까 지하 2층이 되는 거지요.

그림을 그려서 보면 이해하기가 쉬울 거예요.

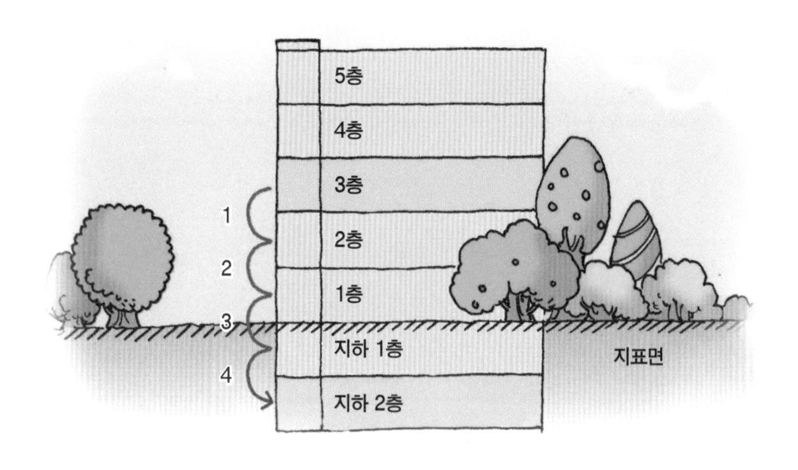


3층－4층＝지하 2층, 왜 이렇게 되었을까요?

그것은 엘리베이터는 0층이 없기 때문에 3－4＝－2 라는 이상한 일이 벌어지게 되기 때문이에요.

민주 0은 참 중요한 수군요. 참 재미있어요. 선생님, 그럼 0과 어떤 수를 곱하거나 어떤 수에 0을 곱하면 어떻게 되나요?

오트레드 좋은 질문이에요. 우리는 어떤 수 곱하기 0을 쉽게 0이라고 말할 수 있지요. 그런데 왜

그럴까요? 여러분들이 쉽게 이해할 수 있게 설명해 줄게요.

7×0을 생각해 보세요.

$7\times3=7+7+7$ (7을 3번 더한다.)

$7\times2=7+7$ (7을 2번 더한다.)

$7\times1=7$ (7을 1번 더한다.)

$7\times0=0$ (7을 0번 더한다.)

7을 0번 더하면 당연히 0이 됩니다.

다시 0×7을 생각해 보세요.

$0+0+0+0+0+0+0=0$, $0\times7=0$이므로 교환법칙에 의해 $7\times0=0$이 됩니다.

민주 아! 이렇게 왜 그럴까? 생각하면서 공부하니까 더 재미있어요. 이제 0÷어떤 수와 어떤 수÷0에 대하여 알고 싶어요.

오트레드 하하하! 그런데 둘 중에 하나는 질문 자체가 불가능해요.

먼저 0을 어떤 수로 나누는 것을 설명할게요. 초등학생이 수학적으로 정확히 증명하는 것은 어려우니까 이해하기 쉬운 방법으로 설명하기로 하죠.

어떤 수를 □라 하고(단, □는 0이 아니다.) 0÷□는 $0\times\frac{1}{□}$과 같다. $0\times\frac{1}{□}$=0이므로 0÷□=0입니다. 따라서 0을 어떤 수로 나누면 0이 됩니다.

다음은 어떤 수를 0으로 나누는 것에 대하여 알아보기로 해요. 사실 이것은 그 자체가 불가능한 것이에요.

그러면 이해가 쉬운 방법으로 생각해 볼까요?

사과가 3개 있는데 사람이 몇 명이라도 있으면 나눠 먹을 수 있습니다. 그러나 아무도 없으면 나눠 먹는 것이 불가능합니다. 하지만 이런 방법으로 설명하는 것은 수학적인 방법이 아닙니다. 좀 더 수학적으로 그 이유를 알아보기로 해요.

어떤 수를 □라 하고 ◇은 □÷0의 몫이라고 합니다. 그리고 여기서 □는 0이 아닌 어떤 수입니다. □÷0=◇는 나머지가 없다면 검산식에 의해 0×◇=□입니다. 0에 어떤 수를 곱하면 항상 0이므로 0×◇=0입니다. 따라서 어떤 수 □는 항상 0이므로 □는 모든 수를 대표할 수 없고 0이 아니라는 가정과도 다릅니다. 즉, □÷0=◇은 잘못된 것입니다.

따라서 0이 아닌 어떤 수를 0으로 나누는 것은 불가능합니다.

민주 그러면 만약 어떤 수가 0이면 어떻게 되나요? $0 \div 0$ 말이에요. $0 \div 0$은 0 아닌가요?

오트레드 허허. 그렇게 생각할 수도 있겠지요. 하지만 $0 \div 0$도 잘못된 것이에요.

$0 \div 0$이 하나의 값이 있다고 가정하고 그 값이 ◇라 해봅시다.

$0 \div 0 = ◇$는 검산식에 의해 $0 \times ◇ = 0$이에요. 그런데 여기에서 ◇의 값은 모든 수에요. 어떤 계산식에서 그 값은 단 하나여야만 해요. 따라서 $0 \div 0$은 잘못된 것이지요. 그러니까 0으로 0을 나누는 것은 불가능하다는 것이죠.

제08장

# 핵심정리

- 0은 다음의 세 가지 의미로 사용된다. 첫째, 0은 '없다'의 의미로 사용된다. 둘째, 0은 100m 달리기의 출발점과 같이 어떤 것의 기준이 된다. 셋째, 0은 3007에서 쓰인 0처럼 빈자리를 뜻한다.

- 어떤 수에 0을 곱하면 항상 0이다.

- 0을 0이 아닌 어떤 수로 나누면 항상 0이다.

- 어떤 수를 0으로 나누는 것은 불가능하다.

닭 4마리가 있어. 그러면 닭다리는 모두 몇 개 일까?
4×2=8개요.
그럼 닭 28마리가 있어. 닭다리는 모두 몇 개 일까?
28×2=56, 56개입니다.
닭 0마리가 있어. 닭다리는 모두 몇 개 일까?
당연히 닭다리는 모두 0개입니다.
그렇지, 잘했어! 어디 식으로 나타내 볼래?
0×2=0입니다. 여기서 2는 닭다리 개수입니다.
이와 같이 0과 어떤 수를 곱하면 그 값은 항상 0이야. 그럼 0을 어떤 수로 나누면 어떻게 될까?
?
사과 6개가 들어 가는 상자가 있어. 사과 36개가 있다면 상자는 몇 개 필요할까?
36÷6=6 이니까 상자 6개가 필요합니다.
사과 24개가 있다면 몇 개의 상자가 필요할까?
24÷6=4 이니까 상자 4개가 필요합니다.
사과 0개가 있다면 상자가 몇 개 필요할까?
당연히 0개 필요합니다.
0
그렇지, 사과 0개가 있다면 상자는 필요 없지. 이것을 식으로 나타내면 0÷6=0이야.
…….
이와 같이 0을 0이 아닌 어떤 수로 나누면 그 값은 항상 0이야.

제09장

# 생일이 며칠 남았는지 쉽게 계산하고 싶어요

### 교과 연계

**초등 3-2** | 1단원 : 덧셈과 뺄셈
**초등 4-1** | 1단원 : 큰 수

### 학습 목표

어떤 날에서 어떤 날까지 날짜가 며칠 남았는지 알아보는 방법을 배운다. 남은 날 수를 7로 나누어 무슨 요일인지 알아보는 방식을 이용하는 계산활용법을 익힌다.

민주 제 생일이 11월 3일이에요. 오늘이 9월 13일인데 생일이 며칠 남았는지 쉽게 알고 싶어요. 전에는 일일이 세었거든요.

오트레드 그랬군요. 먼저 표를 보면 어떤 달이 며칠까지 있는지 알 수가 있지요.

| | | | |
|---|---|---|---|
| 1월 | 31일 | 7월 | 31일 |
| 2월 | 28일 | 8월 | 31일 |
| 3월 | 31일 | 9월 | 30일 |
| 4월 | 30일 | 10월 | 31일 |
| 5월 | 31일 | 11월 | 30일 |
| 6월 | 30일 | 12월 | 31일 |

일단 오늘(9월 13일)을 포함해서라는 단서를 달도록 하죠. 수학은 확실해야 하거든요.

오늘(9월 13일)을 포함해서 11월 3일까지 며칠 남았을까요?

9월 : 13일부터 30일까지

10월 : 1일부터 31일까지

11월 : 1일부터 2일까지(11월 3일이 생일이니까 며칠 남았는지 알아보기 위해 11월 2일까지만 생각하자.)

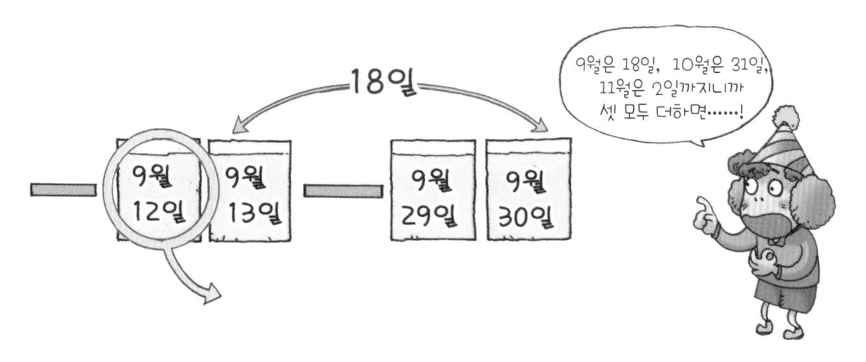


9월은 13일부터 30일까지니까, 30일－12일＝18일 …… ㉠

10월은 1일부터 31일까지니까, 당연히 31일 …… ㉡

11월은 1일부터 2일까지니까, 당연히 2일 …… ㉢

민주 이제 ㉠+㉡+㉢를 하면 돼요. 18+31+2 =51, 선생님! 51일 남았어요.

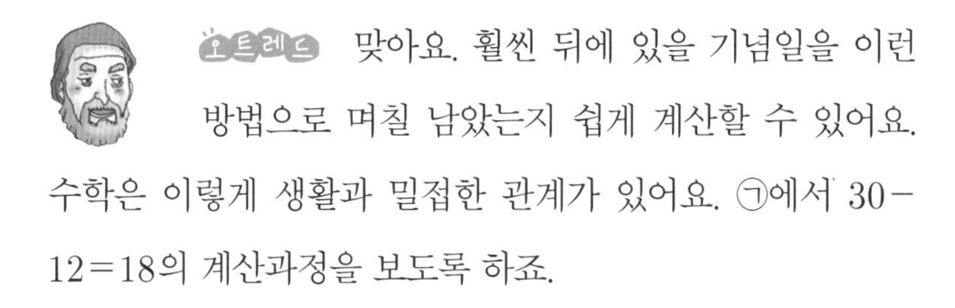

오트레드 맞아요. 훨씬 뒤에 있을 기념일을 이런 방법으로 며칠 남았는지 쉽게 계산할 수 있어요. 수학은 이렇게 생활과 밀접한 관계가 있어요. ㉠에서 30－12＝18의 계산과정을 보도록 하죠.

민주 무슨 말씀하시는지 알 것 같아요. 선생님이 전에 많이 강조하셨어요.

오트레드 그럼 민주 학생이 선생님 대신에 말해 보겠어요?

민주 예. 30－12를 계산할 때 받아내림으로 굳이 계산할 필요가 없다는 말씀이죠? 30에서 10을 먼저 뺀 후에 그 값에서 다시 2를 빼면 돼요. 30－10＝20, 20－2＝18, 따라서 30－12＝18입니다.

오트레드 잘했어요. 이제 조금은 수준 높은 문제를 해결해 보기로 하지요. 그렇다고 해서 겁낼 필요는 전혀 없어요.

선생님 생일은 12월 16일이예요. 오늘은 2007년 9월 16일이고 일요일이야. 그러면 선생님 생일은 무슨 요일일까요? 걱정할 필요 없어요. 전에 배운 것에서 조금만 더 잘 생각해 봐요.

민주 좀 어려워요. 아! 뭔가 떠오르는 게 있어요. 먼저 9월 16일에서 12월 16일까지 며칠 남았는지 알아볼게요.

오트레드 일일이 세지 말고 수학적으로 해결해야 하는 거 잘 알고 있지요?

민주 예, 선생님.

9월: 9월은 30일까지 있으니까, 30일−15일=15일 (16일이 아니라 15일을 빼야 합니다.)

10월: 1일부터 31일까지 31일

11월: 1일부터 30일까지 30일

12월: 1일부터 15일까지 15일(12월 16일이 생일이니까 며칠 남았는지 알아보기 위해 12월 15일까지만 생각합니다.)

15일+31일+30일+15일=91일

따라서 생일까지 91일 남았습니다.

선생님! 머리가 복잡해지기 시작해요.

오트레드 그러니까 일주일이 7일이고 '일, 월, 화, 수, 목, 금, 토'로 계속 반복된다는 것을 잘 생각해 보세요.

우리가 알고 있는 것은 세 가지랍니다.

첫째, 2007년 9월 16일부터 12월 16일까지 91일 남았습니다.

둘째, 일주일은 7일이고 '일, 월, 화, 수, 목, 금, 토'로 계속 반복됩니다.

셋째, 9월 16일은 일요일입니다.

| 9월 16일 | 9월 17일 | 9월 18일 | 9월 19일 | 9월 20일 | 9월 21일 | 9월 22일 |
|---|---|---|---|---|---|---|
| 일요일 | 월요일 | 화요일 | 수요일 | 목요일 | 금요일 | 토요일 |
| 9월 23일 | 9월 24일 | 9월 25일 | 9월 26일 | 9월 27일 | 9월 28일 | 9월 29일 |
| 일요일 | 월요일 | 화요일 | 수요일 | 목요일 | 금요일 | 토요일 |
| 9월 30일 | 10월 1일 | 10월 2일 | …… | | | |
| 일요일 | 월요일 | 화요일 | | | | |

실제로 생일은 12월 16일이지만 오늘이 9월 16일이고 만약, 생일이 9월 16일이라면 생일까지 0일 남았고

9월 17일이라면 1일 남았다.

9월 18일이라면 2일 남았다.

9월 19일이라면 3일 남았다.

9월 20일이라면 4일 남았다.

9월 21일이라면 5일 남았다.

9월 22일이라면 6일 남았다.

9월 23일이라면 7일 남았다.

9월 24일이라면 8일 남았다.

잠깐만, 이런 식으로 계속하면 너무 힘이 드니까 수학이라고 할 수 없을 거 같군요. 그럼, 일주일이 7일임을 이용하여 보기로 해요.

$0 \div 7$은 몫이 0이고 나머지가 0이다. 검산식으로 $0=0\times7+0$

$1 \div 7$은 몫이 0이고 나머지가 1이다. 검산식으로 $1=0\times7+1$

$2 \div 7$은 몫이 0이고 나머지가 2이다. 검산식으로 $2=0\times7+2$

$3 \div 7$은 몫이 0이고 나머지가 3이다. 검산식으로 $3=0\times7+3$

$4 \div 7$은 몫이 0이고 나머지가 4이다. 검산식으로 $4=0\times7+4$

$5 \div 7$은 몫이 0이고 나머지가 5이다. 검산식으로 $5=0\times7+5$

$6 \div 7$은 몫이 0이고 나머지가 6이다. 검산식으로 $6=0\times7+6$

$7 \div 7$은 몫이 1이고 나머지가 0이다. 검산식으로 $7=1\times7+0$

$8 \div 7$은 몫이 1이고 나머지가 1이다. 검산식으로 $8=1\times7+1$

$9 \div 7$은 몫이 1이고 나머지가 2이다. 검산식으로 $9=1\times7+2$

이 방법도 끝이 없겠군요. 일정한 규칙만 발견하면 되는데 어떤 규칙이 있을까요?

민수 나머지가 0, 1, 2, 3, 4, 5, 6으로 계속 반복돼요.

오트레드 나머지가 0일 때는 생일이 며칠이라고 가정했을 때인가요?

민주 9월 16일과 9월 23일요.

오트레드 그리고 9월 30일이겠지요. 9월 16일, 9월 23일, 9월 30일은 모두 일요일이에요.

나머지가 1일 때는 생일이 며칠이라고 가정했을 때지요?

민주 9월 17일, 9월 24일요.

오트레드 그리고 10월 1일이지요. 9월 17일, 9월 24일, 10월 1일은 모두 월요일이에요. 그러니까 오늘이 일요일일 경우 생일날을 D−Day라고 하면 D−Day까지 남은 일수를 7로 나누면 돼요.

그때 나머지가 0이면 일요일, 1이면 월요일, 2이면 화요일, 3이면 수요일, 4이면 목요일, 5이면 금요일, 6이면 토요일이 되는 거지요.

D−Day는 선생님 생일이고 생일까지 91일 남았어요.

91일을 7로 나누어서 나머지가 0이면 일요일, 1이면 월요일, 2이면 화요일, 3이면 수요일, 4이면 목요일, 5이면 금요일, 6이면 토요일이에요.

91÷7은 몫이 13이고 나머지는 0이에요. 따라서 선생님 생일 12월 16일은 일요일이 된답니다.

이제 달력을 찾아서 확인해 볼까요?

민주 와! 선생님. 진짜 일요일이에요. 신기해요.

오트레드 수학은 신기하고 참 재미있지요. 만약 오늘이 9월 17일(월요일)이라면 D-Day까지 남

은 일수를 7로 나누었을 때

나머지가 0이면 월요일, 1이면 화요일,

2이면 수요일, 3이면 목요일,

4이면 금요일, 5이면 토요일,

6이면 일요일이 된답니다.

만약 오늘이 9월 18일(화요일)이라면 D-Day까지 남은 일수를 7로 나누었을 때

나머지가 0이면 화요일, 1이면 수요일,

2이면 목요일, 3이면 금요일,

4이면 토요일, 5이면 일요일,

6이면 월요일이 된답니다.

제09장
# 핵심정리

- 생일이 며칠 남았는지 알기 위해서는 일일이 세지 말고 먼저 그달이 며칠까지 있는지 알아본다.

- 먼 훗날의 특정한 날이 무슨 요일인지 달력을 찾지 않고 알기 위해서는 먼저 특정한 날까지 며칠 남았는지 알아본다. 이후에 남은 날수를 7로 나눈 후 나머지를 이용하여 무슨 요일인지 알아본다. 만약 오늘이 일요일이면 7로 나누었을 때 나머지가 0이면 일요일, 1이면 월요일, 2이면 화요일이다.

선생님 생일이 12월 26일인데 무슨 요일인지 달력을 보지 않고 알 수 있겠니?
예, 선생님.
오늘이 10월 10일, 수요일이다.
10월
10월은 31일까지 11월은 30일까지 있다. 10월은 31-9=22, 22일 남았고, 11월은 30일 남았다. 12월은 생일이 26일이니까 25일 남았다.
그러면 22일+30일+25일=77일, 77일 남았다.
22일 + 30일 +25일 = 77일
77을 7로 나누면 몫이 11이고 나머지는 0입니다.
나머지가 0이라면 수요일, 나머지가 1이라면 목요일인데 나머지가 없으니까…….
음……. 수요일입니다. 12월 26일은 수요일입니다.

제10장

# 창의적으로 계산하고 싶어요

교과 연계

**초등 2-2** | 4단원 : 세 자리 수의 덧셈과 뺄셈
**초등 3-2** | 1단원 : 덧셈과 뺄셈
**초등 4-1** | 1단원 : 큰 수

학습 목표

교과서에 나오는 계산 방법 이외에 다른 방법을 이용한 계산 방법을 배워 본다. 좀 더 창의적인 방법을 사용하면 문제를 편리하게 해결할 수 있다는 점도 기억한다.

**오트레드** 앞에서도 말했지만 만약 여러분이 공식을 외워서 문제에 적용하는 것만 반복한다면 여러분은 계산하는 기계와 다름이 없는 거예요. 여러분들은 기계가 아니라 다양한 방법을 생각하고 새로운 것을 만들 수도 있는 지능이 있는 사람입니다. 그러니까 아무 생각 없이 공식을 외워서 적용하는 것보다 좀 더 생각하여 편리한 방법을 찾아 문제를 해결해야 한답니다.

민주 학생, 선생님이 계산문제를 낼 테니 풀어 볼래요?

$9999999 \times 9999999$를 계산하시오.

**민주** 음……. 너무 어려운 문제예요.

**오트레드** 그럴 줄 알았어요. 일일이 세로셈으로 계산하려고 하기 때문에 어려울 수밖에 없는 거예요. 그럼 시간도 많이 걸리고 그러다 결국 포기하기도 하지요. 어쩌다 해결했는데 정답이 아니라면 이것은 교과서에 나오는 한 가지 방법으로 습관적으로 계산하는 데 익숙한 학생들에게 나타나는 당연한 결과라 고 할 수 있지요.

아마 많은 어른들도 세로셈으로 계산하려고 할 거에요. 그리고 '뭐 이런 문제가 다 있어!'하면서 포기하는 분도 있을 것이고, 계산기를 찾는 분도 있겠죠. 수학 교육의 목적은 습관적인 계산 능력을 높이는 것이 아니라 학생의 창의적 사고력을 높이는 것이랍니다.

그럼 이 문제를 어떻게 해결하면 될까요?

9999999×9999999는 9,999,999가 몇 개 있다고 할 수 있을까요?

민수 9,999,999가 9,999,999개 있다고 할 수 있어요.

오트레드 그러면 9,999,999가 한 개 더 있다면 9999999×10000000이 되겠지요. 그리고 9999999×10000000에서 9999999을 한 개 빼주면 9999999×9999999가 돼요. 그러니까 다음과 같이 문제를 바꾸어 해결하면 되는 거에요.

1단계
9999999×9999999=9999999×10000000−9999999
2단계 =99999990000000−9999999
정답 =99999980000001

2단계의 99999990000000−9999999를 계산하기 힘들다면 99,999,990,000,000에서 10,000,000를 뺀 후 1을 더하면 됩니다(9,999,999를 빼야하는데 9,999,999보다 1큰 10,000,000를 뺐으므로 다시 1을 더하여 준다.).

99999990000000−10000000=9,999,998,000,000이며 이제 9999998000000에 1을 더하면 됩니다.

곧 9999998000000+1=9,999,998,000,001입니다.

곱셈의 분배법칙을 알고 있으면 이렇게 풀면 된답니다.

$$
\begin{aligned}
9999999 \times 9999999 &= 9999999 \times (10000000-1) \\
&= 99999990000000 - 9999999 \\
&= 99{,}999{,}980{,}000{,}001
\end{aligned}
$$

**연속하는 9의 곱셈**

$9 \times 9 = 81$

$99 \times 99 = 9{,}801$

$999 \times 999 = 998{,}001$

$9999 \times 9999 = 99{,}980{,}001$

$99999 \times 99999 = 9{,}999{,}800{,}001$

$999999 \times 999999 = 999{,}998{,}000{,}001$

$9999999 \times 9999999 = 99{,}999{,}980{,}000{,}001$

$99999999 \times 99999999 = 9{,}999{,}999{,}800{,}000{,}001$

- 놀랍지 않나요? 수학은 이렇게 아름다울 수도 있습니다.
  그리고 위의 계산 결과에는 몇 개의 규칙도 숨어 있답니다.

창의적인 계산법의 원리는 계산하기 까다로운 수를 계산하기 편한 수를 바꾼 후 계산하는 것입니다. 그럼, 다음 문제를 설명해 볼게요.

413+399를 계산하여라.

이 문제를 창의적으로 계산하려면 어떻게 해야 할까요? 먼저 계산하기 까다로운 수를 편한 수로 바꾸어 보기로 하죠. 어떤 수가 계산하기 까다로울 것 같나요?

민주 399요. 그런데 399는 400에서 1을 뺀 것과 같아요.

오트레드 413+399를 413+400−1로 바꾼 후 계산하면 쉽겠죠.

$$413+399=413+400-1=813-1=812$$

받아올림이 없이 까다로운 수를 쉬운 수로 바꿈으로써 쉽게 계산하였지요.

창의적으로 계산할 수 있는 다른 문제도 살펴볼까요?

702−195를 계산하세요.

702−195에서는 702와 195 둘 중에 어떤 수를 바꾸는 것이 좋을까요?

민주 195를 바꾸는 것도 좋고 702를 바꾸는 것도 좋아요. 저는 195를 바꾸어 볼게요. 195는 200−5입니다. 그러면 702에서 200을 뺀 후 5를 더해 주면 됩니다(702에서 195를 빼야 하는데 200을 뺐으므로 다시 5를 더하여 주어야 합니다). 식으로 나타내면 702−200+5=502+5=507, 이런 식으로 계산하니까 재미있어요.

오트레드 '음수×음수=양수'라는 사실을 안다면 다음과 같이 계산하면 됩니다.

$702-(200-5)=702-200+5=507$

**참고** $(-1)\times(200-5)=(-1)\times200-(-1)\times5$

이와 같이 계산할 때에 순서대로 계산하는 것보다 적절히 변형시켜 계산하는 것이 편리한 경우가 있어요. 다른 예를 두 가지 더 소개할게요.

① $9+99+999+9999$
$$=(9+1)+(99+1)+(999+1)+(9999+1)-4$$
$$=10+100+1000+10000-4$$
$$=111104=11{,}106$$

② $72\times125=72\times(125\times8)\div8=72\times1000\div8$
$$=72\div8\times1000=9\times1000=9{,}000$$

**참고** $72\times1000\div8$
$$=72\times1000\times\frac{1}{8}\left(\square\div\triangle=\frac{\triangle}{\square}=\square\times\frac{1}{\triangle}\right)$$
$$=72\times\frac{1}{8}\times1000$$
$$=72\div8\times1000$$

제10장
## 핵심정리

- 교과서에 나오는 방법으로 계산문제를 해결하지 말고 좀더 창의적인 방법을 사용한다면 편리하게 문제를 풀 수 있습니다.

- 계산하기에 까다로운 수를 계산하기에 편하도록 적절히 바꾸면 됩니다.

- 계산할 때 두 수 중 까다로운 수를 고르고 100 단위로 만든 후 나머지 차를 더하거나 빼는 방법을 활용한다.

여러분, 이것을 빠르고 정확하게 계산하는 어린이에게 선물을 줄게요.
9999x9999
아~! 그 방법이 좋겠다.
이걸 언제 다 곱하지?
9999×9999는 9999가 9999개 있다는 뜻이니까……. 9999가 10000개 있는 것에서 9999를 한번 빼주면 된다.
선생님! 제가 풀 수 있어요!
오~! 민주 학생!
9999x10000-9999
=99990000-9999
=99980001
정말 대단하구나!
짝짝짝...

## 교과 연계

**초등 5-1** | 3단원 : 약분과 통분
**초등 5-1** | 5단원 : 분수의 덧셈과 뺄셈
**초등 5-1** | 7단원 : 분수의 곱셈
**초등 5-2** | 2단원 : 분수와 소수의 나눗셈
**초등 6-2** | 3단원 : 소수의 나눗셈

## 학습 목표

자연수 이외에 분수나 소수를 활용한 사칙연산에 대해서 배워 본다. 1부터 $N$까지 자연수를 더하는 공식과 그 과정에 대해 알아보고 분수에서 분수를 나눌 때 뒤 분수의 분모와 분자를 서로 바꾸는 이유에 대해서도 학습한다.

## 무한히 더한다면?

**오트레드** 이번에는 초등학교에서 배우는 범위를 조금 넘어설 겁니다. 그래도 민주 학생이 쉽게 이해할 수 있는 내용이니까 걱정하지 않아도 될 거예요.

1부터 100까지 모든 자연수를 더하면 그 값은 무엇일까요?

**민주** 1+2+3+4+5+6+…, 이렇게 계속 더하면 되겠지요.

**오트레드** 그렇지요. 하지만 너무 힘들잖아요? 쉽게 계산하는 방법은 없을까요? 다음의 계산 방법을 보세요.

$1+100=101$ $2+99=101$ $3+98=101$

$4+97=101$ $5+96=101$ $6+95=101$

$7+94=101$ $8+93=101$ $9+92=101$

$10+91=101$ $11+90=101$ $12+89=101$

$13+88=101$ $14+87=101$ $15+86=101$

$16+85=101$ $17+84=101$ $18+83=101$

$19+82=101$ $20+81=101$ $21+80=101$

$22+79=101$ $23+78=101$ $24+77=101$

$25+76=101$ $26+75=101$ $27+74=101$

$28+73=101$ $29+72=101$ $30+71=101$

$31+70=101$ $32+69=101$ $33+68=101$

$34+67=101$ $35+66=101$ $36+65=101$

$37+64=101$ $38+63=101$ $39+62=101$

$40+61=101$ $41+60=101$ $42+59=101$

$43+58=101$ $44+57=101$ $45+56=101$

$46+55=101$ $47+54=101$ $48+53=101$

$49+52=101$ $50+51=101$

101이 모두 몇 개 있지요? 그리고 1에서 100까지 모든 자연수를 더하면 그 값은 무엇일까요?

민주 50개요. 1에서 100까지 자연수를 더하면 $101 \times 50 = 5{,}050$이 되니까 답은 5,050이요.

오트레드 이 방법을 응용하면 1에서 1,000까지 혹은 1에서 10,000까지도 쉽게 더할 수 있어요.

**참고** $N$은 자연수이고 1부터 $N$ 사이에 있는 모든 자연수를 더한다고 할 때(1부터 $N$까지 모두 더한다고 할 때)

$1+2+3+4+\cdots+(N-1)+N=S$라고 하자.

덧셈의 교환법칙을 이용하여

$N+(N-1)+\cdots+4+3+2+1=S$이다.

$$\begin{array}{rl} & 1+2+3+4+5+6+7+8\ \cdots+(N-1)+N=S \\ + & N+(N-1)+(N-2)+\cdots 5+4+3+2+1=S \\ \hline & (N+1)+(N+1)+(N+1)+\cdots+(N+1)=2\times S \end{array}$$

$(N+1)+(N+1)+(N+1)+\cdots+(N+1)=2\times S$

$(N+1)$이 $N$개 있으므로 $(N+1)\times N$이다.

따라서 $(N+1)+(N+1)+(N+1)+\cdots+(N+1)$

$=(N+1)\times N=2\times S$이다.

$(N+1)\times N=2\times S$

$2\times S=(N+1)\times N$

$=N\times(N+1)$

$2\div 2\times S=N\times(N+1)\div 2$

$$S=\frac{N\times(N+1)}{2}$$

예를 들어 1부터 1,000까지 더한다면

$$S=\frac{1000\times(1000+1)}{2}=500{,}500$$

따라서 1부터 1,000까지 더하면 500,500이다.

그런데 $1+2+3+4+5+\cdots$ 이렇게 계속 더하면 어떻게 될까요? 그리고 $1+1+1+1+1+1+1+\cdots$ ……㉠과 $2+2+2+2+2+2+\cdots$ ……㉡ 중 어느 것이 값이 더 클까요?

민주 무한대요. 그리고 당연히 ㉡이 더 크지요.

오트레드 과연 그럴까요? $2=1+1$이니까 ㉡을 $(1+1)+(1+1)+(1+1)+(1+1)+\cdots$ 로 바꿀 수 있겠지요? 그럼 ㉠하고 ㉡이 똑같겠지요?

$1+2+3+4+5+6+\cdots$ 도 $1+(1+1)+(1+1+1)+(1+1+1+1)+(1+1+1+1+1)+\cdots$ ……㉢, 이렇게 바꿀 수 있답니다.

민주 그럼 ㉠=㉡=㉢, 이렇게 되잖아요?

오트레드 그래요. 이렇게 무한히 계속 더하는 덧셈에서는 신기한 일이 벌어지니까 수학은 참 신기하지요.

**대분수의 뺄셈**

민주 선생님, 요즘 대분수 계산에 대하여 공부하고 있어요. 그런데 항상 대분수를 가분수로 바꾼 후 통분하여 계산하라고 배우고 있어요.

오트레드 무조건 방법을 암기하여 계산하는 것은 수학을 배우는 자세가 아니에요. 대분수 계산이 있는 예를 하나 소개할게요.

민호에게는 무선 조정 로봇이 한 대 있어요. 이 로봇 이름은 마이봇으로, $3\frac{1}{5}\ell$의 연료가 있어요. 그런데 오늘 $1\frac{3}{4}\ell$의 연료를 사용했다면 마이봇의 연료는 얼마나 남아 있을까요?

민주 뺄셈을 하면 돼요.

오트레드 맞아요. 그런데 대분수를 가분수로 바꾸지 않고 계산해 볼까요?

$$3\frac{1}{5}-1\frac{3}{4}=(3-1)+\left(\frac{1}{5}-\frac{3}{4}\right)$$

- $3\frac{1}{5}=3+\frac{1}{5}$이고 $1\frac{3}{4}=1+\frac{3}{4}$ 입니다.

$$=2+\left(\frac{1}{5}-\frac{3}{4}\right)$$

- 5의 배수 : 5, 10, 15, 20 …
- 4의 배수 : 4, 8, 12, 16, 20 … 이므로 20을 공통분모로 한다.

$$=2+\left(\frac{1\times4}{20}-\frac{3\times5}{20}\right)$$

$$=2+\left(\frac{4}{20}-\frac{15}{20}\right)$$

$$=1+1+\left(\frac{4}{20}-\frac{15}{20}\right)$$

$$=1+\frac{20}{20}+\frac{4}{20}-\frac{15}{20}$$

- $\frac{4}{20}-\frac{15}{20}$는 뒤에 있는 수가 더 크므로 계산을 위해 1을 $\frac{20}{20}$으로 변형한다.

$$=1+\frac{20+4-15}{20}$$

$$=1+\frac{9}{20}=1\frac{9}{20}$$

- 1은 $\frac{20}{20}$과 같다. 예를 들면 피자 한판을 통째로 먹는 것과 같은 크기의 피자를 20등분해서 먹을 때 피자를 먹은 양은 결국 같다.

## 분수의 나눗셈

**민주** 선생님, 지금까지 초등학교에서 수학을 공부하면서 가장 이해가 안 되는 것이 있어요. 분수의 나눗셈에서요, 왜 뒤에 있는 분수의 분자와 분모를 뒤집어서 곱하라고 하는지 모르겠어요.

**오트레드** 그럴 거예요. 학교에서는 그냥 뒤집어서 곱하라고 배웠지요? 왜 그러는지는 모르고 그냥 무작정 공식만 외웠을 것 같군요.

자, 지금부터 선생님이 분수 나눗셈을 할 때 왜 뒤에 있는 분수의 분자와 분모를 서로 뒤집어서 곱하는지 그 이유를 $\frac{3}{4} \div \frac{1}{8}$을 예로 들어 설명해 줄게요.

선생님은 먼저 뒤에 있는 분수를 뒤집어서 곱하지 않아도 해결할 수 있다는 것을 보여줄 거예요. 그림을 잘 살펴봐요.

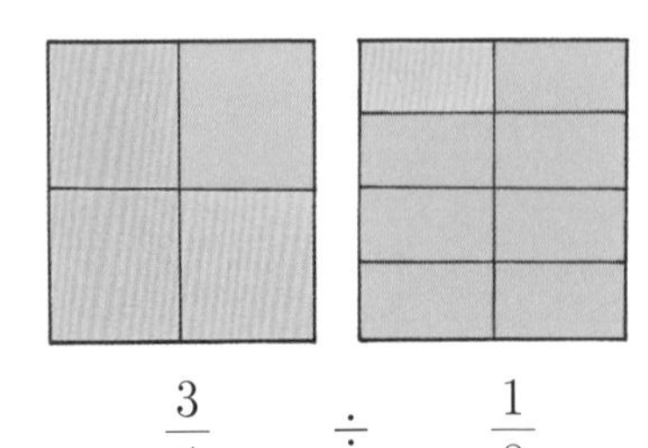

$\frac{3}{4} \div \frac{1}{8}$

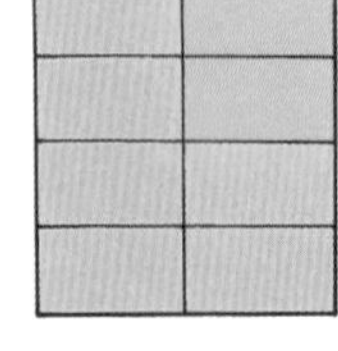

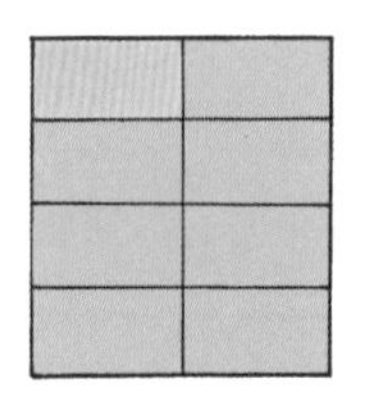

$\frac{3}{4} \div \frac{1}{8} = \frac{3\times2}{4\times2} \div \frac{1}{8} \div \frac{6}{8} \div \frac{1}{8}$

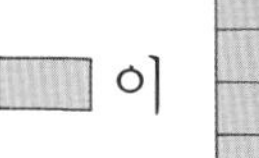 이 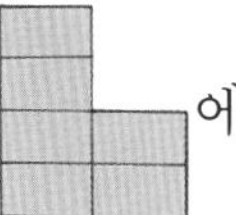 에 몇 번 포함되나요? 6번 포함됩니다.

그림으로 보면 쉽게 이해가 돼요.

따라서 $\frac{3}{4} \div \frac{1}{8} = 6$입니다.

혹은 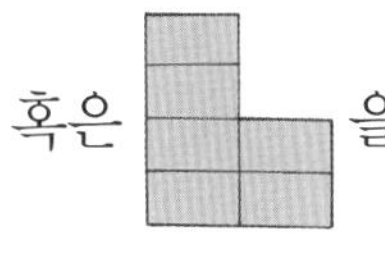 을 만큼 몇 등분할 수 있나요?

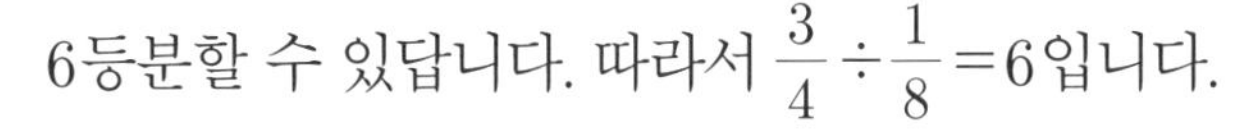

6등분할 수 있답니다. 따라서 $\frac{3}{4} \div \frac{1}{8} = 6$입니다.

자! 어때요? 공식을 외울 필요 없이 단지 그림을 그려서 문제를 해결했지요. 위에서 설명한 분수 나눗셈의 계산 원리를 알아볼까요? 선생님의 설명을 곰곰이 생각해 보세요.

$6 \div 3 = 2$입니다. 그러면 $6\triangle \div 3\triangle$은 무엇이고, $6\triangle \div 3$는 무엇일까요?

민주 앞의 답은 2인데 뒤의 답은 잘 모르겠어요. 자세히 설명해 주세요.

오트레드 잘 모르는 게 당연해요.

$\frac{3}{4}\div\frac{1}{8}=6$은 다시 $\left(3\times\frac{1}{4}\right)\div\left(1\times\frac{1}{8}\right)$로 바꿀 수 있습니다. 그런데 이 상태로는 6△÷3를 계산할 수 없듯이 나눗셈을 할 수 없습니다. 따라서 $\frac{1}{4}$에서 분모 4에 2를 곱하고 분자 1에 2를 곱하는 방법은 다음과 같답니다.

$$3\times\frac{1}{4}=3\times\frac{1\times2}{4\times2}=3\times\frac{1\times2}{8}=3\times\frac{2\times1}{8}=3\times2\times\frac{1}{8}$$

따라서 $3\times\frac{1}{4}\div1\times\frac{1}{8}$은 $\left(3\times2\times\frac{1}{8}\right)\div\left(1\times\frac{1}{8}\right)$입니다.

$$\left(3\times2\times\frac{1}{8}\right)\div\left(1\times\frac{1}{8}\right)=3\times2\div1=\frac{3\times2}{8}=\frac{6}{1}=6\div1=6$$

(6△÷3△=2임을 참고하세요.)

답은 6입니다. 이와 같이 분수의 나눗셈은 통분하여 계산하면 됩니다.

민주 그러면 왜 뒤에 있는 수를 뒤집어 곱하는 거예요?

오트레드 이제 조금 더 쉽게 설명해 볼게요.

$\frac{3}{4}\div\frac{2}{5}$를 생각해 봅시다.

분수의 나눗셈은 어떻게 계산하라고 했지요?

민주 통분하여 계산하라고 했어요.

오트레드 맞아요. 먼저 $\frac{3}{4} \div \frac{2}{5}$를 통분하여 봅시다.

$$\frac{3}{4} \div \frac{2}{5} = \frac{3\times5}{4\times5} \div \frac{2\times4}{5\times4}$$

$$= \left(3\times5\times\frac{1}{4\times5}\right) \div \left(2\times4\times\frac{1}{5\times4}\right)$$

$$= (3\times5) \div (2\times4)$$

$$= \frac{3\times5}{2\times4}$$

$$= \frac{3\times5}{4\times2} = \frac{3}{4} \times \frac{5}{2}$$

따라서 $\frac{3}{4} \div \frac{2}{5} = \frac{3}{4} \times \frac{5}{2}$가 됩니다.

이처럼 사실 분수의 나눗셈에서 뒤의 수의 분자와 분모를 뒤집어 곱할 때 많은 과정이 생략되어 있는 거랍니다.

민주 마지막으로 한 가지만 더 가르쳐주세요. 소수의 곱셈이나 나눗셈을 할 때 소수점 때문에 곤란할 때가 많아요. 소수점을 어떻게 찍어야 하는지 헷갈릴 때가 많아요.

오트레드 그렇지요. 하지만 전혀 헷갈리지 않고 계산할 수 있는 방법이 있어요. 그 방법은 소수를 분수로 바꾸어서 계산하는 거예요. 그러면 소수점 찍는 것 때문에 어려워하지 않아도 된답니다.

$0.024 \div 0.0012$와 $0.002 \times 2.25$를 생각해 봅시다.

$$0.024 \div 0.0012 = \frac{24}{1000} \div \frac{12}{10000}$$

$$= \frac{24}{1000} \times \frac{10000}{12}$$

$$= \frac{24}{1} \times \frac{10}{12} = \frac{240}{12} = 20$$

$$0.002 \times 2.25 = \frac{2}{1000} \times \frac{225}{100}$$

$$= \frac{450}{100000}$$

$$= \frac{45}{10000} = 0.0045$$

바로 이렇게 쉽게 계산할 수 있답니다.

제11장
## 핵심정리

- 1에서 $N$까지의 모든 자연수를 더하는 방법 :

$$S=\frac{N\times(N+1)}{2}=(1+2+3+4+\cdots+N)$$

- 대분수의 뺄셈은 가분수로 바꾸지 않아도 할 수 있다.

- 분수의 나눗셈을 통분하여 계산하면 뒤의 분수의 분모와 분자를 바꾸어 앞의 분수와 곱하는 이유를 알 수 있다.

- 소수의 곱셈이나 나눗셈은 분수로 바꾸어 계산하면 쉽게 계산할 수 있다.

1+1+1+…, 이렇게
계속 더하면 얼마일까요?
무한대요.
1+1+1+1+1+1+1+
1+1+1+... ...
그럼 1+1+1+…과
2+2+2+…중
어느 것이 더 클까?
당연히
2+2+2+…가
더 크지요.
2+2+2+…
=(1+1)+(1+1)
+…이잖아.
그럼
1+1+1+…과
2+2+2+…의
값이 똑같아요.
하하하! 그럴 수도
있지. 그럼 1부터 100
까지의 모든 자연수를
더하면 무엇일까?
(1+100)+(2+99)
+(3+98)…=101×50
이거 맞지?
모두 박수~!
(1+100)+(2+99)
+...=101×50
짝짝짝...

부록
수학 일기

# 민주의 하루

오늘은 운동회가 있는 날이다. 제발 비가 오지 말아야 하는데 아침에 일어나 하늘을 보니 잔뜩 흐리다. 어제 밤 9시 뉴스의 일기예보에는 내일 비올 확률이 70%라고 한다. 70%란 무슨 뜻일까? 너무 궁금해서 6학년인 은혜 언니에게 물어보았다. 언니는 처음에 확실히 대답하지 못하고 망설이다가 책을 찾아보더니 미소를 지으며 설명을 시작했다.

다음은 어젯밤 언니와 내가 나눈 대화이다.

민주야, 주사위의 면은 모두 몇 개이지?

6개.

주사위에는 어떤 숫자들이 있지?

1, 2, 3, 4, 5, 6이 있어.

그럼 만약 주사위를 6번 던진다면 숫자 2가 몇 번나 올까?

아마 1~2번 정도 나오지 않을까?

그럼 60번 던진다면 숫자 2가 몇 번 나올까?

아마 10번 정도 나오지 않을까?

주사위를 던지는 횟수를 늘리면 6번 던질 때마다 그중 한번은 숫자 2가 나오겠지?

응, 언니.

주사위를 6번 던질 때에 한번 어떤 특정한 숫자(여기서는 숫자 2)가 나오기를 기대한 값을 분수로 나타내면 무엇이지?

$\frac{1}{6}$이지. 분모÷분자로 표현하니까 말이야.

와! 내 동생 똑똑하다! 민주야, 그럼 주사위를 만약 100번 던진다면 숫자 2가 몇 번 나올까?

$\frac{1}{6}$은 주사위 6번 던졌을 때 숫자 2가 1번 나올 것이라고 생각한 것을 분수로 나타낸 것이니까……. 아! 분모가 100이 되게 해야 한다. 어떻게 해야지? 잘 모르겠어. 언니가

도와줘.

민주는 아직 5학년이니까 잘 모를 거야. 언니가 푸는 것을 잘 봐.

$$= \frac{1 \times \frac{100}{6}}{6 \times \frac{100}{6}}$$

$$= \frac{\frac{100}{6}}{100}$$

분모를 100으로 만들기 위해

분자와 분모에 모두 $\frac{100}{6}$을 곱하였어.

이제 $\frac{100}{6}$만 계산하면 돼.

와! 이런 분수 처음 봐. 우리 언니 대단하다!

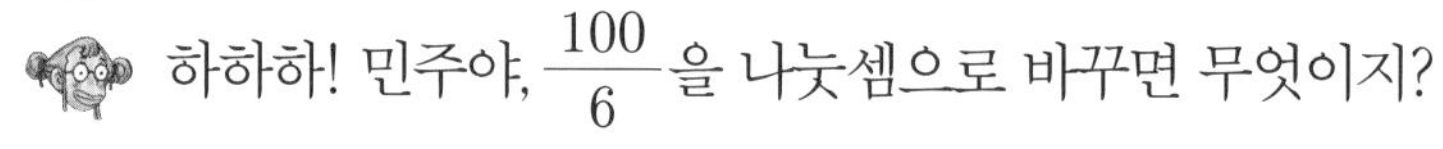

하하하! 민주야, $\frac{100}{6}$을 나눗셈으로 바꾸면 무엇이지?

그야 물론 100÷6이지.

그렇지. 100÷6을 계산기로 계산해 볼래?

응. 16.6666666……… 소수점 뒤로 계속 6이 나와.

소수 중에는 이렇게 계속 규칙적으로 반복되는 것이 있어. 그리고 원주율(원둘레와 지름의 비)인 3.14159265358979323846264338327950288…처럼 규칙도 없이 계속 이어지는 소수도 있지.

와! 신기하다. 어쨌든 100번 중에 16.6666666………번은 숫자 2가 나오겠다.

100번 중에 16.6666666………을 16.6666666……

…%라고 해. 반올림하면 약 17% 아니면 약 16.7%라고 할 수 있겠지. 6이 5보다 더 크기 때문에 반올림한 거야. 항상 16.6666666………라고 쓰면 불편하니까 반올림이라는 것을 만든 것이지. 그럼, 비올 확률이 70%라는 것은 무슨 뜻일까?

일기예보를 100번 한다면 100번 중에 70번은 옳고 30번은 틀릴 수 있다는 뜻이지.

아! 참! %는 우리말로 '퍼센트'라고 읽으면 돼. 오트레드 선생님이 곱하기(×) 기호를 세상에 내놓은 것처럼 누군가 %를 세상에 내놓았고 수학자들이 이것을 사용하자고 약속한 거야.

오늘 난 7시에 일어났다. 나는 보통 씻는데 15분, 밥 먹는데 20분, 양치질하는 데 5분, 옷 입는 데 10분 걸린다.

15분+20분+5분+10분=15분+5분+20분+10분=20분+30분=50분이므로 학교 갈 준비하는 데 50분 걸린다. 그러면 7시에 일어났으니 7시 50분에 집에서 학교로 출발할 수 있다.

학교까지는 걸어서 가며 30분 정도 걸린다. 나는 아침에 집에서 학교까지의 거리 약 2㎞를 걸어서 간다. 한 걸음에 50㎝를 간다면 집에서 학교까지 가는 데 몇 걸음이나 될까? 일단 단위를 같게 해야 되겠다.

1㎞=1,000m이니까 2㎞=2,000m, 100㎝는 1m이니까 50㎝=0.5m이다. 어떻게 계산하면 될까? 아! '한 발 0.5m가 2000m에 몇 번 해당될까?'를 생각하면 되겠다. 그럼 2000÷0.5를 하면 된다. 소수는 분수로 고쳐서 계산하면 된다. $2000 \div 0.5 = 2000 \div \frac{1}{2} = 2000 \times \frac{2}{1} = 2000 \times 2 = 4000$이므로 만약 한 걸음에 50㎝를 간다면 2㎞를 가는 데 4,000걸음이다.

5학년인 나는 몸무게가 벌써 50㎏이다. 여학생치고는 무게가 많이 나가는 편이다. 몸무게를 오늘부터 한 달 내로 10㎏ 줄여보라는 엄마의 충고로 2㎞나 되는 거리를 매일 걸어서 다니기로 결심했다. 2㎞를 왕복하기 때문에 실제로는 하루에 집과 학교를 오가는 데 4㎞를 걷는 것이다.

빨리 몸무게가 40㎏이 되었으면 좋겠다. 한 달이 30일이라고 여긴다면 하루에 몇 ㎏씩 줄여야 하는 건가? 어떻게 계산하지? 아! 10㎏을 30등분하면 되겠다. 그러면 10㎏÷30을 하면 된다. $10 \div 30 = \frac{10}{30} = \frac{1}{3}$, 결국 하루에 $\frac{1}{3}$㎏씩은 줄여야 한다. $\frac{1}{3}$㎏이라……. 소수로 나타내야 한다면 1을 다시 3등분해야 한다. 그림을 그려서 해결해 볼까?

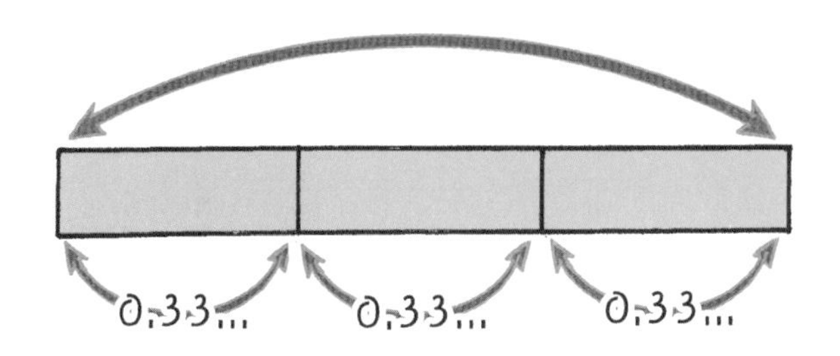


$\frac{1}{3} = 1 \div 3 = 0.33333$………이다.

1÷3은 그 값이 0.33333………이다. 따라서 하루에 0.3333………㎏씩 줄여야지만 한달에 10㎏을 줄일 수 있다.

열심히 걸어야지. 운동을 많이 해서 한 달 뒤에는 아빠가 태워 주는 자가용으로 학교에 오고 싶다.

오늘도 이렇게 수학을 공부하며 학교에 가는구나! 수학은 정말 생활과 밀접한 관련이 있다. 수학 공부를 열심히 해야겠다.

하늘을 보니 비가 내릴 것 같다. 제발 비가 내리지 않았으면 좋겠다. 비가 내리지 말게 해달라고 기도하며 학교에 걸어갔다.

학교에 도착하면 아마 8시 20분일 것이다. 7시 50분에 출발했는데 학교까지 30분 걸리기 때문이다.

'7시 50분+30분'을 굳이 계산할 필요가 없다. 그냥 시계를 머릿속으로 그리고 7시 50분에서 30분 앞으로 돌리면 된다. 그러면 8시 20분이 된다. 하지만 수학적으로 좀 더 생각해야겠다.  7시 50분에서 30분을 더하면 7시 80분이다. 그런데 8시 20분이다. 어떻게 된 걸까? 아! 시계는 60초가 1분이고 60분이 1시간이기 때문이다.

7시 50분+30분=7시 50분+10분+20분
=7시+(50분+10분)+20분
=7시+60분+20분
=7시+1시간+20분
=8시+20분
=8시 20분

은혜 언니는 60초가 1분이고 60분이 1시간이 되는 것과 같은 수 체계를 60진법이라고 했다. 와! 은혜 언니는 오트레드 선생님께 배우더니 요즘 수학을 무척 좋아하는 것 같다.

학교에는 9시까지만 가면 된다. 시간이 많이 남지만 운동장에서 친구들과 놀고 달리기도 하고 싶어서 예정된 시간에 학교에 도착했다. 아직까지 비가 내리지 않아서 정말 다행이다. 선생님들도 비가 내리지 않아 다행이라고 말씀하신다.

신나는 운동회가 시작되었다. 우리 학교 어린이들은 백군과 청군으로 나누어 열심히 운동을 하였다.

1학년 어린이들이 점심시간을 알리는 바구니를 터뜨리자 점심시간이 시작되었다. 점심시간에는 가족들과 옹기종기 모여 맛있는 점심을 먹었다. 점심시간은 12시부터 1시30분까지 무려 1시간 30분이다. 점심을 먹고 언니와 놀이할 시간이 많았다. 언니한테는 이번이 마지막 운동회이다. 그래서 난 언니에게 선물을 사주기로 했다. 언니는 무척 좋아했다.

운동장 주변에는 장사하시는 분들이 많아서 인형을 하나 샀다. 언니가 무척 좋아하는 양배추 인형이다. 양배추 인형을 사는데 3,500원이 들었다.

'아! 날 유혹하는 냄새다!' 인형가게 옆에서 어떤 아저씨가 소시지를 구워서 팔고 있었다. 이 유혹은 정말 이길 수 없다. 엄마한테는 비밀로 하고 용돈으로 소시지 2개를 사서 하나는 언니에게 주고 하나는 내가 먹었다. 소시지 1개의 값은 1,000원이다. 언니는 내가 좋아하는 머리핀을 하나 사주었다. 2,500원짜리 머리핀이다. 잠시 후 언니는 500원짜리 아이스크림 3개를 사서 하나는 언니가 먹고 하나는 나에게 주었다. 그리고 나머지 하나는 언니 친구 재영이 언니에게 주었다.

운동회 점심시간에 나와 언니 중 누가 얼마나 돈을 많이 썼을까?

나: 양배추 인형 1개(3,500원), 소시지 2개(1,000원×2)

3500＋1000×2＝3500＋2000＝5,500(덧셈과 곱셈이 섞여 있으면 곱셈부터 계산해야 한다.)

언니: 머리핀 1개(2,500원), 아이스크림 3개(500×3)

2500＋500×3＝2500＋1500＝4,000

나는 5,500원 썼고 언니는 4,000원을 썼다.

5,500－4,000＝1,500

내가 언니보다 1,500원 더 썼다.

점심시간이 끝나자 다시 오후 경기를 시작했다. 5학년은 점심을 먹자마자 달리기를 하게 되었다.

운동장이 작아서 60m 달리기를 했는데 우리 반은 남자 18명, 여자 15명으로 모두 33명이다. 그런데 레인이 6개이므로 6명이 한 조가 되어서 달렸다. 남자 18명이 6개의 레인에서 달리기를 해야 하는데 모두 몇 조가 될까?

그렇지! 18을 6로 나누면 된다. 18÷6=3이므로 모두 6명씩 3개 조이다. 여자는 15를 6으로 나누면 된다.

15÷6=2 …3, 나머지는 3이다. 따라서 6명씩 달리면 마지막 조는 3명이 달려야 한다. 그래서 선생님은 잠시 생각하시더니 5명씩 3개조가 되게 하였다. 레인은 6개인데 5명이 달리므로 여자는 한 개 레인을 비워 놓고 달리게 된다.

청군 이겨라! 백군 이겨라!

이제 계주만 남았는데 백군이 900점 청군이 800점이다.

계주에서 이긴 팀은 200점을 받고 진 팀은 100점을 받는다. 만약 계주에서 청군이 이기면 청군은 800+200이므로 청군 점수는 1,000이고 백군은 900+100이므로 백군 점수도 1,000이다. 와! 만약 청군이 이기면 백군과 청군이 점수가 같아진다.

탕! 총성이 울렸다. 청군과 백군을 대표하는 선수들이 열심히 뛰었다.

와! 계주에서 청군이 이겼다. 그래서 올해 운동회는 청군과 백군 모두 승자이다.

운동회를 마치고 집으로 왔다.

아! 이럴 수가! 점심시간에 소시지 사먹은 사실을 엄마가 알고 말았다. 엄마는 근처 공설 운동장 트랙을 4바퀴 돌고 오라고 했다.

물론 공설 운동장까지 걸어서 가야 했다.

집에서 공설 운동장까지는 1.1㎞로 1,100m이다.

공설 운동장 트랙은 한 바퀴에 400m이다.

400m 트랙을 4바퀴 돌아야 하니까, 400m×4=1,600m이다. 다시 공설 운동장에서 집까지 1,100m이다.

위의 과정을 식으로 나타내면

1100+400×4+1100=3,800이다.

와! 3800m를 또 걸었다.

음! 덧셈과 곱셈이 섞였을 때는 당연히 곱셈부터 계산해야 한다.

공설 운동장에서 집으로 돌아오면서 밤하늘을 보았다. 하늘에 별들이 무수히 많이 보였다. 구름이 걷힌 것이다. 운동회 날 비올 확률이 70%였는데 비가 전혀 내리지 않았다. 오늘은 일기예보가 틀려서 참 다행이다.

운동을 너무 열심히 해서 그런지 밤에 배가 고팠다. 그래서 엄마에게 치킨을 주문해달라고 했다. 엄마는 처음에는 안 된

다고 했지만 내 뱃속에서 꼬르륵 소리가 나는 것을 듣더니 치킨을 주문해 주었다.

드디어 치킨이 왔다. 오늘은 빨리 와서 기분이 좋았다. 그런데 배달하신 아저씨가 쿠폰을 하나 주었다. 10개 모으면 한 마리를 공짜로 먹을 수 있다고 했다. 치킨 한 마리 가격은 12,000원이다. 그러면 쿠폰 한 장은 얼마의 가치가 있는 것일까?

쿠폰 10개에 한 마리이다. 한 마리의 가격은 12,000원이다. 그러면 쿠폰 1개의 가치는 12000÷10이다. 12000÷10을 어

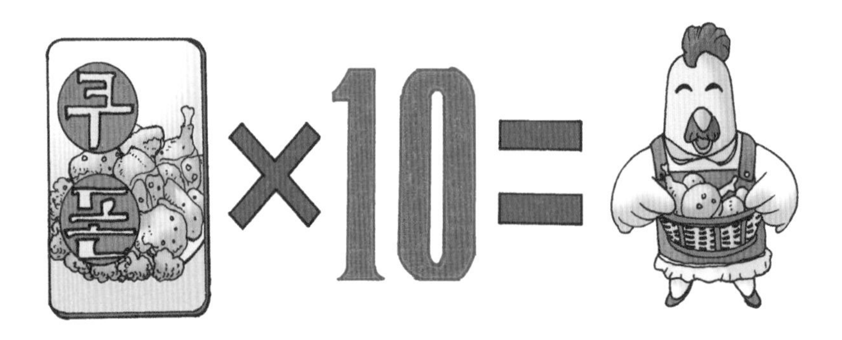


떻게 계산하지? 12,000을 10등분하면 된다.

12,000원은 10,000원+2,000원이다. 아! 그러면 10,000원을 10등분하고 2,000원을 10등분하면 된다. 이후에 두 결과를 더하면 된다. 10,000원의 10등분한 것 중의 하나는 1,000원이다. 2,000원의 10등분한 것 중의 하나는 200원이다. 1,000원+200원=1,200원, 따라서 쿠폰 1개의 가치는 1,200원이다.

와! 쿠폰에 이런 가치가 있다니! 잘 모아야겠다.

운동을 너무 열심히 해서 그런지 9시 30분인데도 잠이 오기 시작한다. 난 보통 10시에 잠을 잔다. 오늘은 30분 정도 일찍 잘 것 같다. 다리가 무척 아프다. 내일은 너무 피곤해서 공부를 제대로 못할 것 같다.

오늘 하루를 되돌아보며 생각해 보니 우리의 생활은 수학과 참 많이 관련되어 있는 것 같다. 아침에 일어나서 밤에 잘 때까지 참으로 수학으로 둘러싸인 세상이다. 그리고 이렇게 수학을 공부하니까 참 재미있다. 나는 수학 공부를 열심히 하기로 마음 먹었다.